Prof. Dr. Werner Nachtigall

NATUR
MACHT ERFINDERISCH

Das große Ravensburger Buch
der Bionik

Ravensburger Buchverlag

INHALT

Vorwort 6

Werkzeuge und Geräte 7

Zangen und Pinzetten 8
Bagger und Bohrer 10
Haken und Saugnäpfe 12
Scharniere 14

Bautechniken 15

Lehmbauten 16
Fachwerkbauten 18
Tiefbauten 20
Wasser abweisende Dächer 22
Beweglicher Schutz 24

Heizungen und Klimaanlagen 25

Klimatisieren mit der Sonne 26
Fell und Kleidung 28
Ventilatoren 30
Frostschutz 32

Laufen, Springen, Schwimmen 33

Laufmaschinen und Roboter 34
Laufen leicht gemacht 35
Flotte Schwimmer 36
Schnittige Gestalt 38

Fliegen und Segeln 39

Gleit- und Segeltechniken 40
Ausdauernde Flieger 42
Flugzeuge für jeden Zweck 44
Vom Wind angetrieben 46
Segel und Vorsegel 48

Bewegungen erzeugen 49

Bewegliche Gliederketten 50
Hebelmechanik 52
Pneumatik und Hydraulik 54
Bewegungssystem Arm 56

INHALT

Orientierung zur Umwelt 57

Hilfsmittel für Roboter	58
Optiken und Lichtleiter	60
Sinnesorgane	62
Injektionsspritzen	64
Schützende Schalen	66

Verpacken und Reinigen 67

Ideale Raumausnutzung	68
Verpackung und Werbung	70
Selbstreinigende Flächen	72
Pflegendes Wachs	74

Evolution und Entwicklung 89

Wachsen und Verändern	90
Entwicklungen	92
Vorfertigen und Entfalten	94
Entsorgen und Recyceln	95
Worterklärungen	96
Register	98
Bildnachweis	100

Naturmaterial 75

Pflanzen erzeugen Energie	76
Energie von morgen	78
Werkstoff Holz	80
Knochen reparieren sich selbst	82
Baustoff Kalk	84
Chitin: Baustoff der Insekten	85
Leichtmaterialien	86
Höchstelastischer Gummi	88

VORWORT

Bionik – was ist das?

Dank seiner Grabschaufeln ist der Maulwurf Baumeister unterirdischer Gänge.

In der Vergangenheit hat die Technik keinerlei Notiz von der Natur genommen, der Mensch hat die Natur ausgebeutet und zerstört. Allmählich aber besinnen wir uns auf den Schutz der Natur und versuchen ihre Verfahrensweisen zu nutzen. Da diese Verfahrensweisen von sich aus schon „im Einklang mit der Natur" stehen, können sie uns als Vorbild für eine umweltgerechte Technik dienen.
Die Natur als Vorbild nehmen: Das nennt man BIONIK. Es ist leicht zu erkennen, dass sich dieses Wort aus den Begriffen **BIO**logie und Tech**NIK** zusammensetzt. Es bedeutet „Lernen von der Natur für eine Technik von morgen", die dem Menschen und der Umwelt mehr nutzt als die heutige Technik. Die Natur gibt Anregungen für besseres technisches Gestalten; und eine bessere Technik wirkt weniger zerstörerisch auf Mensch und Umwelt. Natur verstehen und Natur zum Vorbild nehmen bedeutet nicht, die Natur zu kopieren. Doch kann man sich von der Natur in tausendfacher Weise anregen lassen, um Lösungen für besondere technische Schwierigkeiten zu finden. Ihr gelingen sehr komplexe Dinge, die dem Menschen noch große Probleme bereiten.

Die Natur gleicht einem riesigen Ingenieurbüro, das Lösungen für fast jedes Problem bereithält. Dieses Ingenieurbüro hat sich viel Zeit gelassen, um gute Lösungen zu entwickeln: mehrere hundert Millionen Jahre. Dabei gelang es der Natur, die vielfältigsten Anforderungen unter einen Hut zu bringen. Davon ist die Technik noch weit entfernt.
Somit ist BIONIK ein gutes Werkzeug für die Konstrukteure von morgen. Die Biologen bringen Erfindungen der Natur ans Tageslicht, und die Ingenieure versuchen deren Prinzipien auf die Technik zu übertragen.
Nachzuforschen, wie die Natur baut, konstruiert und Verfahren ablaufen lässt und davon für die Technik zu lernen, ist ein Gebot unserer Zeit. In wenigen Jahren wird sich die Bionik als Anregungsquelle, Denkweise und Lebenshaltung durchgesetzt haben.
Dieses Buch steckt das große Feld der Bionik ab. Natur und Technik werden mit vielen Beispielen einander gegenübergestellt – und Gegenüberstellung ist der erste Schritt auf dem Weg zu einer technischen Übertragung.

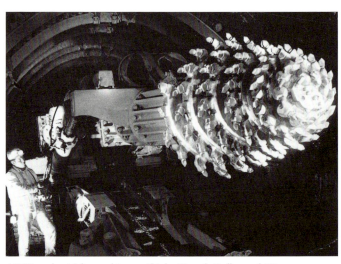

Mit Tunnelvortriebsmaschinen gräbt der Mensch Stollen und Gänge im Erdinneren.

NÜTZLICHE HELFER

Werkzeuge und Geräte

Werkzeuge – das sind zum Beispiel Zangen, Pinzetten und Bohrer. Zu den Geräten gehören etwa Klettverschlüsse, Saugnäpfe und Bagger. Die Natur kennt ebenfalls viele Werkzeuge und Geräte, nur sind diese häufig wesentlich feiner ausgebildet als in der Technik. Und sie bestehen aus anderen Werkstoffen, beispielsweise Chitin.

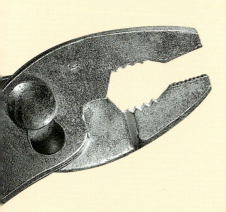

VIELSEITIGE KOMBINATIONSGERÄTE

Zangen und Pinzetten

Im Normalfall benutzt die Technik für jede Aufgabe eine eigene Zange und eine spezielle Pinzette. Die Natur aber arbeitet meist mit vielseitigen „Kombinationsgeräten".

Die Zange des Ameisenlöwen ist ein Werkzeug mit sechs Funktionen.

Mit der Kombizange kann man festhalten, drehen, abzwicken und klopfen.

Die Zange des Ameisenlöwen

Beim Ameisenlöwen handelt es sich um die Larve eines Fluginsekts. Sie gräbt Trichter in den Sand und wartet dort auf Beute. Fällt eine Ameise in diese Falle, wirft ihr der Ameisenlöwe Sand nach und hindert sie so daran, herauszukrabbeln. Er benutzt dabei seine beiden Kieferzangen als Sandschippe. Wenn die Ameise wieder in den Trichter gerissen wird, ergreift sie der Löwe mit den Zangenspitzen. Er drückt die Zangen in die Ameise und spritzt ihr eine Verdauungsflüssigkeit ein, welche die Ameise von innen her auflöst. Nun schlürft der Ameisenlöwe die Brühe durch seine Saugkiefer ein. Die leere Ameisenhülle wirft er mit Schwung aus dem Trichter. Die Oberkieferzange des Ameisenlöwen kann also Sand schippen, Beute ergreifen und in die Beute eindringen; sie wirkt als Injektionsspritze, als Saugkanal und als Wurfgerät. Damit ist sie eine Art Kombizange mit sechs Funktionen!

Die Kombizange

In einem Werkzeugkasten findet man verschiedene Zangen. Mit der Beißzange zum Beispiel kann man Nägel abknipsen. Manche Beißzangen haben seitlich eine abgeflachte Stelle, die als Hammer dient. Eine solche Beißzange ist also ein Kombinationsgerät mit zwei Funktionen. Am häufigsten gebraucht wird die Kombizange mit ihren vier Funktionen. Sie hat an ihren kräftigen Backen geriffelte Kontaktflächen. Damit kann man zum Beispiel ein Blech festhalten. An der Aussparung sitzen Riefen, mit denen sich ein Rohr drehen lässt. Seitlich überschneiden sich Einbuchtungen, mit denen man einen Draht abzwicken kann. Man kann mit dieser Zange auch klopfen.

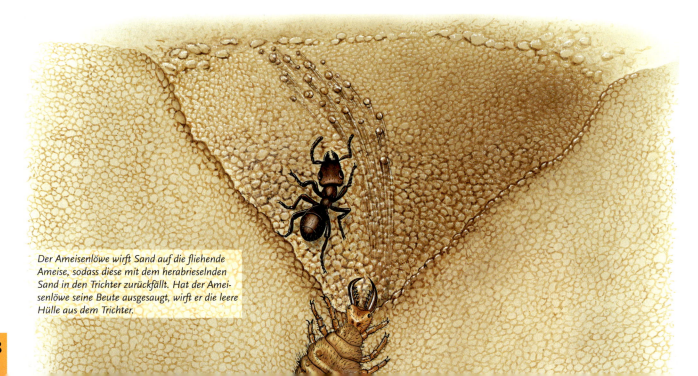

Der Ameisenlöwe wirft Sand auf die fliehende Ameise, sodass diese mit dem herabrieselnden Sand in den Trichter zurückfällt. Hat der Ameisenlöwe seine Beute ausgesaugt, wirft er die leere Hülle aus dem Trichter.

PINZETTEN FÜR DIE FEINARBEIT

Die Uferschnepfe

In Küstengebieten und Uferbereichen stochert die Uferschnepfe nach Nahrung. Dabei steckt sie ihren etwa 15 Zentimeter langen Schnabel in den lockeren Boden. Die Schnabelspitze kann der Vogel öffnen und schließen. So fällt es ihm leicht, kleine Würmer oder andere Beutetiere zu ergreifen. Oft sticht er mit seinem schmalen Schnabel sogar tief unter die Erdoberfläche und holt sich von dort seine Nahrung.

Kombiwerkzeug Schnabel

Der schmale Schnabel der Uferschnepfe ist also ebenso wie die Zange des Ameisenlöwen eine Art Kombiwerkzeug. Vor der Nahrungsaufnahme legen sich die beiden Schnabelhälften eng zusammen und dienen als Stochergerät. Erst tief in der Erde öffnen sich die Schnabelhälften pinzettenartig und erfüllen nun die Funktion eines präzise arbeitenden Greifwerkzeugs. Auch hier hat die Natur also ein Gerät geschaffen, das möglichst viele Aufgaben bewältigt.

Werkzeuge im Vergleich

Der Schnabel der Uferschnepfe diente als Vorbild bei der Entwicklung einer speziellen Operationsschere. Operationsscheren sind oft asymmetrisch gebaut und vielfach auch abgewinkelt. So kann der Operateur an schwierig zu erreichenden Stellen besser arbeiten und nur das gewünschte Körpergewebe ergreifen oder auch durchtrennen.

Die Pinzette

Der Mensch hat mit der Pinzette ein Werkzeug entwickelt, das ähnliche Funktionen erfüllt wie der Schnabel der Uferschnepfe. Mit den Spitzen der Pinzette kann man zum Teil unter die Oberfläche von Gegenständen dringen.

Presst man die beiden Hälften der Pinzette durch Fingerdruck aneinander, dann lassen sich auch feinste Gegenstände ergreifen. Lässt man los, so spreizen sich die beiden Hälften der Pinzette und lassen den Gegenstand wieder frei.

Erhebliche Vorteile

Es hat Vorteile, wenn sich die beiden Hälften eines Werkzeugs gegeneinander bewegen: Ein Gegenstand lässt sich so viel besser ergreifen. Gleiches gilt für das Schneiden mit einer Schere. Hält man eine Scherenhälfte fest und bewegt nur die andere Hälfte, dann wird man rasch merken, wie schwer Papier auf diese Weise zu schneiden ist.

MIT KRÄFTIGEN KRALLEN GREIFEN

Bagger und Bohrer

Wenn es darum geht, Gegenstände zu packen oder Löcher zu bohren, nutzen Natur und Technik ähnliche Methoden.

Im Sturzflug ergreift der Fischadler seine Beute unter Wasser. Dann muss er mit mächtigen Flügelschlägen aufsteigen und den Fisch zu einem Kröpfplatz tragen.

Greifvögel

Früher wurden die Adler und ihre Verwandten unter dem Namen „Raubvögel" zusammengefasst, heute spricht man von „Greifvögeln". Namensgebend ist hierbei die Technik des Beutefangs. Um ihren Fang festzuhalten, senken diese Vögel nämlich die bedornten Zehen ihrer kräftigen „Greiffüße" von allen Seiten in die Beute. Aus dieser Umklammerung können Beutetiere nicht entkommen.

Der Steinadler jagt kleine Säugetiere und Vögel. Er trägt auf der Zehenunterseite eine raue Bedornung, die sich beispielsweise im Fell von jungen Murmeltieren verfängt. Fisch- und Seeadler fressen vor allem Fische, die an der Wasseroberfläche ergriffen werden. Fische aber sind glitschig. Aus den Krallen eines Steinadlers würden sie sich sofort herauswinden. Fischadler und Seeadler haben deshalb besonders lange Zehen, sehr scharfe, gebogene Krallen und außerdem eine schuppige, hornige Unterseite. Damit saugen sie sich an der Oberfläche von Beutefischen richtiggehend fest, sodass diese nun nicht mehr entkommen können.

Die Füße der rund 290 verschiedenen Greifvogelarten unterscheiden sich: Die Natur hat den „Greifapparat" in allen Details auf die jeweilige Beute abgestimmt. Der Fangerfolg des Vogels und seine Ernährung sind somit gesichert.

Polypengreifer

Auch die Technik kennt viele unterschiedliche Greifapparate. Am beeindruckendsten sind sicherlich die sogenannten Greiferbagger. Sie können große Mengen Erde, Sand oder Geröll umheben. Auf Schrottplätzen und in Müllverbrennungsanlagen wird bevorzugt der Demag-Polypengreifer eingesetzt. Er kann einzelne Schrottteile, aber auch große Mengen Müll umladen. Wie der Greifvogel umfasst er dabei eine Portion Schrott oder Müll mit seinen kräftigen Greifern und hebt sie problemlos an eine andere Stelle.

Der hier gezeigte Demag-Polypengreifer umklammert eine Ladung Müll wie der Adler seine Beute.

LÖCHER PERFEKT GEBOHRT

Der Legebohrer der Riesenholzwespe

Ist die Riesenholzwespe zur Eiablage bereit, läuft sie trippelnd an einem Ast entlang; dann stellt sie den Hinterleib auf, zieht den langen, anhängenden Bohrer aus seiner Scheide und setzt ihn an. Das Insekt bohrt feine Löcher ins Holz. Es kann etwa zwei Zentimeter tief eindringen und benötigt dazu – wenn es sich um Nadelholz handelt – ungefähr 20 Minuten. Ist das Loch gebohrt, schiebt die Riesenholzwespe durch ihren hohlen Bohrer Eier hinein. Aus diesen entwickeln sich kleine Maden, die im Holz leben und sich von diesem ernähren.

Bohrmaschinen

Um Löcher für Dübel und Schrauben vorzubohren, benutzt man einen Bohrer, der in Aussehen und Funktionsweise dem Legebohrer der Riesenholzwespe sehr ähnlich ist. Mit der elektrischen Bohrmaschine ist ein Loch in wenigen Sekunden gebohrt. Anders als die Legebohrer der Riesenholzwespen haben technische Bohrer aber keine Doppelfunktion. Sie können nur bohren. Außerdem muss man je nach Materialbeschaffenheit die Bohrmaschinen umrüsten und einen Holz-, Metall- oder Steinbohrer verwenden.

Werkzeuge im Vergleich

Die Bohrer der Riesenholzwespe bestehen aus mehreren Teilen mit seitlichen Riefen, die gegeneinander bewegt werden können. An der Spitze sind sie hakig zugeschärft. So können sie besser ins Holz eindringen.
Technische Bohrer bestehen nur aus einem einzigen, maschinell gefertigten Teil. Meist haben sie an der Seite spiraligförmige Schneiden, aus denen die Bohrspäne herausgedrückt werden. Die Spitze des Bohrers muss an das Bohrmaterial angepasst sein.

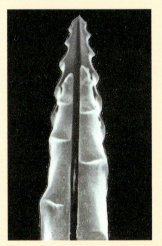

Der Legebohrer ist zwar hohl, aber dennoch enorm stabil.

Über die Spiralen des technischen Bohrers fallen die Späne heraus.

Zum Vorbohren von Dübellöchern ideal: die elektrische Bohrmaschine

Der Legebohrer der Riesenholzwespe hat zwei Funktionen: Er dient als Bohrer und als Kanüle für die Eiablage. Angebohrt werden nur geschwächte oder beschädigte Bäume.

11

NÜTZLICHE WIDERHAKEN

Haken und Saugnäpfe

Die Klettfrucht zeigt, wie nützlich Widerhaken sein können; die Saugnäpfe des Tintenfisches haften auch auf glatten Flächen. Der Mensch hat die ausgetüftelten Techniken der Natur kopiert.

Die Klettfrucht

Pflanzen haben viele Methoden entwickelt, um ihre Samen möglichst weiträumig zu verbreiten. Sie lassen sie mit dem Wind verwehen oder auf dem Wasser tragen. Andere nutzen Tiere als Transportmittel, zum Beispiel die Klette. Ihre Früchte, die mit etwa 200 Widerhaken ausgestattet sind, verhaken sich im Fell von Tieren. Die Tiere tragen sie mit sich fort und streifen sie später an einem anderen Ort ab, der im besten Fall weit von der Mutterpflanze entfernt liegt. Dort haben die Samen eine bessere Chance, sich zu neuen Pflanzen zu entwickeln.

Der Klettverschluss

Das wirkungsvolle System der Klettfrüchte wurde für den Klettverschluss kopiert. Die ersten Klettbänder kamen in den Fünfzigerjahren des 20. Jahrhunderts auf. Man kann damit zum Beispiel Turnschuhe schließen und braucht keine Schuhbänder mehr. Außerdem lassen sich Klettbänder stufenlos verstellen: lauter Vorteile. In der Werbung für eine Fototasche mit stufenlos verstellbaren Innenfächern konnte man den Spruch lesen: „Von der Klette abgeschaut".

Damals war man noch sehr stolz auf die neue Erfindung und trug sie offen zur Schau. Heute aber hat man sich an den bequemen Verschluss gewöhnt. Die Hersteller von Produkten mit Klettverschluss achten nun darauf, dass die Klettbänder nicht mehr sichtbar sind, sondern gut versteckt unter Laschen liegen.

Zufällig verhakt

Von den rund 200 Widerhaken der Klettfrucht haften nie alle im Fell eines Tieres, einige aber halten immer und sorgen dafür, dass die Frucht nicht herunterfällt. Man spricht deshalb auch von „zufälliger Verhakung".

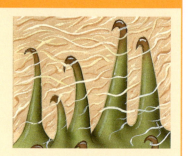

Mit Druck verbunden

Die Technik stellt Klett- und Wollband her. Man drückt beide Teile kurz zusammen, dann verhaken sich die gekrümmten Borsten in einigen der zahlreichen Schlingen. Zwei Teile werden so fest miteinander verbunden.

UNTERDRUCK SORGT FÜR HAFTUNG

Die Saugnäpfe des Tintenfisches sind oft leicht gestielt und stehen in Reihen. So können sich die Tiere auch an unebenen Oberflächen festheften, wie sie für den Untergrund ihres Lebensraumes und für ihre Beute typisch sind.

Der Tintenfisch

Der Tintenfisch hat eine raffinierte Methode entwickelt, um seine Beute zu ergreifen. Er umschlingt sie mit seinen Fangarmen und saugt sich mit Hunderten von Saugnäpfen, die an den Armen aufgereiht sind, an ihr fest. Die Saugnäpfe helfen ihm auch, sich an glitschigen Steinen entlangzubewegen, ohne abzurutschen.

Vielseitige Verwendung

Dort, wo es glatte Flächen gibt, finden Saugnäpfe Verwendung. Im Haushalt kennen wir sie vor allem aus Küche und Bad. Sie dienen beispielsweise dazu, Handtuchhalter an Fliesen und Kacheln zu befestigen. Drückt man den Handtuchhalter mit Saugnapf an die Kachel des Badezimmers, entsteht ein Unterdruck wie beim Kinderpfeil und der Halter saugt sich an. Auch Seifenhalter sind oft mit Saugnäpfen ausgestattet und können daher nicht verrutschen.

Bade- und Duschmatten würden sofort wegrutschen, wenn sie nicht mit leicht gestielten Saugnäpfen versehen wären. Diese saugen sich gut am gewölbten Badewannenboden fest und verhindern damit gefährliche Unfälle.

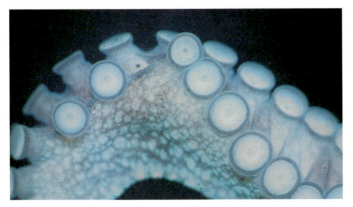
Die Aufnahme eines Tintenfischarms zeigt dicht aneinandergereihte Saugnäpfe.

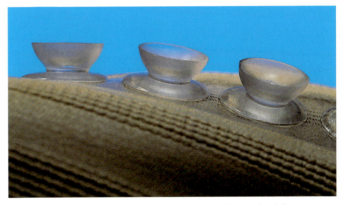
Badematte mit Saugnäpfen: Das Vorbild Natur ist überaus deutlich.

Technische Saugnäpfe

Schießt man von einem Flitzbogen einen Saugpfeil gegen eine Fensterscheibe, wird er darauf haften bleiben. Die Saugscheibe ist leicht gebogen und breitet sich beim Aufprall aus. Danach zieht sich die elastische Scheibe wieder zusammen. So entsteht ein Unterdruck und die Saugscheibe haftet am Glas.

Laubfrösche sichern ihren Halt an Blättern und Bäumen mit Haftscheiben, die an Fingern und Zehen sitzen.

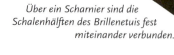

Scharniere

Das einfachste Gelenk in Natur und Technik ist das Scharniergelenk. Es erlaubt keinerlei Verschiebung, sondern nur die Drehung eines Teils um das andere.

Über ein Scharnier sind die Schalenhälften des Brillenetuis fest miteinander verbunden.

Pazifische Riesen-Herzmuschel

Um ihre beiden Schalenhälften gegeneinander klappen zu können, verwenden die Muscheln Scharniere. Die Pazifische Riesen-Herzmuschel wird fast 15 Zentimeter groß und man kann deshalb ihr Schalengelenk auch mit bloßem Auge gut erkennen. Bei den kleineren Herzmuscheln unserer Küsten ist dieses Gelenk ganz ähnlich gebaut. Wo die linke Schale eine Ausbuchtung hat, greift sie in eine Vertiefung der rechten und umgekehrt. Dieses Scharniergelenk besteht also tatsächlich nur aus zwei Teilen, die perfekt aufeinander abgestimmt sind und ihre Aufgabe hervorragend erfüllen.

Technische Scharniere

Technische Scharniere werden für wenig Geld in jedem Baumarkt angeboten. Man verwendet sie zum Beispiel, um damit einen Deckel an einer Kiste zu befestigen. Der Deckel lässt sich dann bequem auf- und zuklappen. Brillenetuis sind ebenfalls mit solchen Scharnieren ausgestattet. Der Deckel sitzt fest auf der unteren Schale und geht nicht verloren. Auch wenn man das Etui in einer Tasche verstaut, fällt die Brille nicht heraus. Technische Scharniere bestehen im Normalfall aus zwei Teilen, die durch einen Stift miteinander verbunden werden. Als einzige Bewegung ist nur die Drehung der zwei Hälften um den Verbindungsstift – das Auf- und Zuklappen – möglich.

Schnappverschluss

Während das technische Scharnier also aus drei Teilen besteht, arbeitet die Natur nur mit zweien. Die Technik hat auch das sparsamere Vorbild nachgeahmt und den Schnappdeckel, zum Beispiel für Shampooflaschen, entwickelt, für dessen Scharnier nur zwei Teile nötig sind. Sie werden in einem einzigen Spritzguss-Vorgang hergestellt.

Der Schnappdeckel klappt bei Fingerdruck auf und zu.

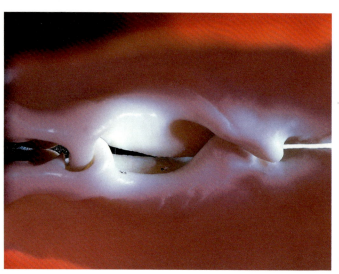

Vertiefungen und Ausbuchtungen greifen bei der Muschelschale ineinander.

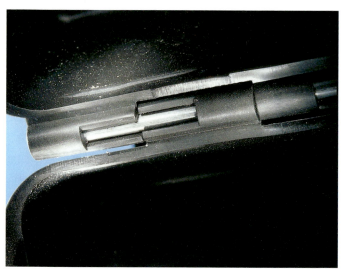

Die beiden Teile des technischen Scharniers sind durch einen Stift verbunden.

SCHUTZ VOR DER WITTERUNG

Bautechniken

Menschen bauen Häuser, um sich gegen Wind und Wetter zu schützen. Diese Häuser sind meist massiv, kosten viel Geld für Bau und Unterhalt und sind kaum zu recyceln. Wenn sich Tiere Häuser bauen, dann sind diese oft ebenso fest und wasserdicht, aber auch Energie und Material sparend. Die leichten Naturbauten haben noch einen weiteren Vorteil: Sie sind vollständig recycelbar.

MIT NATURMATERIAL GEBAUT

Lehmbauten

Lehm, der mit Stroh oder Erde verstärkt wird, nutzen Tiere wie Menschen als Baumaterial für ihre Häuser.

Töpfervögel

Die in den Tropen heimischen Töpfervögel bauen sich aus Lehm, den sie mit Speichel vermischen, ein Nest mit zwei Kammern. Es sieht fast aus wie ein Backofen. In diesem Nest

Das Schwalbennest wird aus Lehmklümpchen zusammengesetzt.

Schwalbennester

Viele Schwalbenarten bauen Nester aus Erde, Lehm und Speichel. Rauch- und Mehlschwalben zum Beispiel legen ihre Behausungen in Mauernischen und unter Dächern an. So sind sie noch zusätzlich geschützt. Die Felsenschwalben errichten mit dem natürlichen Baustoff ganze Kolonien.

Schnitt durch das Nest eines Töpfervogels: Der Blick in eine Kammer wird frei.

Nest der Pillenwespe

Nester aus Lehm und Speichel findet man sogar bei den Insekten. Die große, auch bei uns gelegentlich vorkommende Töpfergrabwespe zum Beispiel errichtet einen „Keramikbau" mit mehreren Kammern, in die sie ihre Eier legt. Die massive und harte Bausubstanz schützt die Gelege vor Witterung und Feinden.
Bei uns ist mit der kleineren Pillenwespe eine weitere Art heimisch, die Lehm für den Nestbau benutzt. Das Töpfernest der Pillenwespe hat einen Durchmesser von rund einem Zentimeter und sieht aus wie eine kleine Urne.

können die Vögel in Ruhe brüten und sind vor Feinden geschützt. Die Wände des Nestes sind sehr dick, sodass es einige Zeit dauert, bis sich das Nest im Halbschatten aufwärmt. Wenn es endlich richtig warm geworden ist, geht die Sonne schon wieder unter. Während der kühlen Nacht hat der Töpfervogel dann eine praktische „Speicherheizung".

Die anfliegende Pillenwespe transportiert ein Lehmkügelchen.

Das urnenförmige Nest aus Lehm ist beinahe fertig.

BURGEN AUS LEHM

Jede Urne ist als Kinderstube für ein einziges Ei gedacht. Nachdem die Wespe ihre Eier abgelegt und Nahrung in die Nester eingebracht hat, werden die Öffnungen verschlossen. Die Eier entwickeln sich zu Larven, die gut geschützt in ihren „Keramiktöpfen" leben, die eingebrachte Nahrung auffressen und sich hier verpuppen. Erst das fertige Insekt schlüpft im Herbst aus.

Lehmarchitektur

Mit Stroh verstärkten Lehm haben bereits die Ureinwohner Nordamerikas – die Puebloindianer – als Baumaterial verwendet. Ebenso kannten den Lehm als Baustoff die Dogon in Afrika, die Bewohner des alten Persiens und der anatolischen Teile der Türkei. Dieser Baustoff kommt überall dort vor, wo es Lehm gibt. Der Lehm wird mit Häckselstreu, Tierdung oder sonstigen Materialien vermischt und verstampft. Aus diesem Baustoff kann man mit bloßen Händen wunderschöne Wohnhäuser errichten. In einigen Regionen wird der Lehm auch in Ziegelform gebracht, von der Sonne getrocknet und dann verarbeitet.

In Lehmbauten lebt man sehr gesund, weil das Material Temperaturunterschiede gut ausgleicht: Tagsüber ist es relativ kühl und nachts

Die Berber, die zwischen dem Hohen Atlas und der Sahara im heutigen Marokko heimisch sind, erbauten ganze Ortschaften aus Lehm.

relativ warm – wie beim Töpfervogel. Zudem nimmt das Material die Feuchtigkeit auf, die der Mensch beim Schlafen abgibt. Lehm ist also ein praktischer und dabei preisgünstiger Baustoff.

Die Dogon – ein Volk von Hirsebauern, das in Westafrika östlich des Nigers im Grenzgebiet von Burkina Faso und Mali lebt – bauen ihre Häuser aus Lehm.

KOSTENGÜNSTIG UND LEICHT

Fachwerkbauten

Natur und Technik haben die großen Vorteile von Fachwerk- und Leichtbauten längst erkannt: Die feinen Konstruktionen sparen Material, sind leicht und trotzdem sehr stabil.

Der Eiffelturm

Anlässlich der Weltausstellung in Paris wurde 1889 der Eiffelturm errichtet. Seither gilt das filigrane Bauwerk als Wahrzeichen der französischen Hauptstadt.
Hätte man den 312 Meter hohen Turm als Massivbau gebaut, wäre er schon bald unter seinem eigenen Gewicht zusammengebrochen. Doch der Ingenieur und Baumeister Gustave Eiffel hat statt Mauerflächen ein Netz von Eisenstreben angelegt. Dieses macht den Bau sehr stabil und reduziert gleichzeitig sein Gewicht auf ein Minimum. Man spricht bei dieser Bauweise von einer Fachwerkkonstruktion.
Mit dieser Bautechnik konnten auch Eisenbahnbrücken und Brücken für den Straßenverkehr errichtet werden, um lange Wege zu verkürzen.

Alu-Verstrebungen

Netzartige Verstrebungen, wie sie auf diesem Bild zu sehen sind, machen feine Konstruktionen aus Aluminium erstaunlich stabil und reduzieren gleichzeitig das Gewicht auf einen minimalen Wert.

Knochenbälkchen

Systeme aus Knochenbälkchen findet man sehr häufig bei Wirbeltieren. Besonders auffallend sind sie bei den Vögeln. Damit diese fliegen können, sollten die einzelnen Teile des Skeletts so leicht wie nur irgend möglich sein.

Knochenbau

Der Eiffelturm ist ein gutes Beispiel für eine Erfindung, die Pflanzen und Tiere gleichermaßen gemacht haben, eben den Fachwerkbau. Sieht man sich einen zerteilten Knochen – beispielsweise von einer Kalbshaxe – genauer an, so erkennt man in der Nähe der Gelenke viele feine Knochenbälkchen. Sie sind ganz dünn, aber vielfältig verzweigt und überlagern sich zu einem sehr leichten, aber äußerst stabilen Fachwerkbau. Man spricht auch von der Schwammsubstanz, weil dieses zarte Knochenbälkchen-Werk „schwammig" aufgebaut ist.

Innerhalb von zwei Jahren wurden 15 000 Metallteile mit einem Gesamtgewicht von 7300 Tonnen zum Eiffelturm zusammengesetzt.

GEWICHT SPAREND VERNETZT

Der Wasserfasan lässt sich mit Vorliebe auf den Blättern von Seerosen nieder.

Das Blatt der Riesenseerose ist aus Versteifungsgründen am Rand aufgebogen. Es trägt auch eine Wasserablauf-Einrichtung.

Fachwerkbauten des Menschen

Der Name „Fachwerk" wurde zunächst für die Bautechnik des Menschen verwendet, erst später hat man ihn auch auf die Bauten von Tieren und Pflanzen übertragen.
Bei alten Häusern bestehen Fachwerke aus Holz. Die Holzpfosten sind dabei so miteinander verbunden, dass sie sich gegenseitig stützen. Die Zwischenräume werden mit einem Mauerwerk aus Ziegelsteinen oder mit Lehm gefüllt. Im Mittelalter waren die meisten Fachwerkhäuser verputzt. Da das Fachwerk aber so schön ist, legt man es heute gerne frei. Ohne den schützenden Putz altert es schneller.

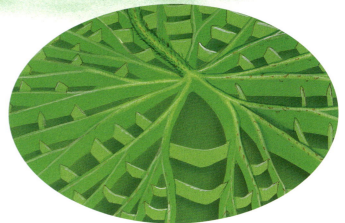

Netzartige Verstrebungen verleihen dem Schwimmblatt seine Stabilität.

Das Schwimmblatt der Riesenseerose

Die Riesenseerose kommt in den warmen Regionen Südamerikas vor. Bei uns kann man sie in botanischen Gärten bewundern. Ihr metergroßes Schwimmblatt trägt große Vögel, die sich darauf ausruhen, und könnte sogar zwei kleine Kinder tragen. Dreht man ein solches Blatt um, so sieht man auf der Unterseite ein raffiniertes System aus Spanten und Verstärkungsleisten. Die einen gehen vom Mittelpunkt nach außen und die anderen laufen kreisförmig herum. Es wird also nicht viel Material verwendet, doch die Seerose setzt dieses Material sehr raffiniert ein. Dort, wo es nötig ist, sitzt eine Versteifung. Wo es nicht nötig ist, gibt es keine Verstärkung. So kommt eine stabile, aber ausgesprochen leichte Konstruktion zustande, die außerdem noch sehr Material sparend ist.

Fachwerkhäuser besitzen ein tragendes Rahmenwerk.

LEBEN UNTER DER ERDE

Tiefbauten

Das Leben unter der Erde hat bedeutende Vorteile: Man ist vor der Witterung und vor Feinden hervorragend geschützt.

Der Maulwurf

Unter der Erde ist es immer schön feucht und es gibt nie Frost. Ein Tier, das entsprechende Grabwerkzeuge besitzt, kann dort ein weit verzweigtes Röhrensystem mit mehreren Ausgängen anlegen. Das ist wichtig für die Flucht. Wenn ein Feind an einem Eingang lauert, kann der Bewohner aus einem anderen Ausgang entkommen.

Der Maulwurf macht sich alle Vorteile eines solchen unterirdischen Baues zunutze und ist für das Leben unter der Erde perfekt gerüstet. Die zu Grabschaufeln umgebildeten Vorderbeine sind sehr kräftig und mit langen Fingernägeln versehen. Die Augen des Maulwurfs sind nur winzig klein – in den dunklen Gängen benötigt er sie ohnehin nicht –, dafür ist die Stocher- und Riechnase sehr empfindlich. Das Wasser abweisende Fell hat keinen „Strich", wie beispielsweise das Fell eines Hundes. So kann der Maulwurf gleich gut vorwärts oder rückwärts kriechen, ohne sich mit den Haaren an den Röhrenwänden zu verfangen.

Nacktmulle

Der Nacktmull besitzt gar kein Fell. Auch er ist ein ausgezeichneter Tunnelbauer. Er gräbt mit den Zähnen. Dabei arbeiten mehrere Tiere zusammen wie die Teile einer Tunnelbohr-

Nacktmulle leben im heißen Sand der Trockengebiete Ostäthiopiens.

maschine. Die einen brechen mit ihren Zähnen Erde und Steine aus, die anderen schaffen diese nach hinten zum Ausgang und laufen über die Kette der arbeitenden Tiere wieder nach vorne. Es handelt sich also um ein richtiges Förderbandsystem.

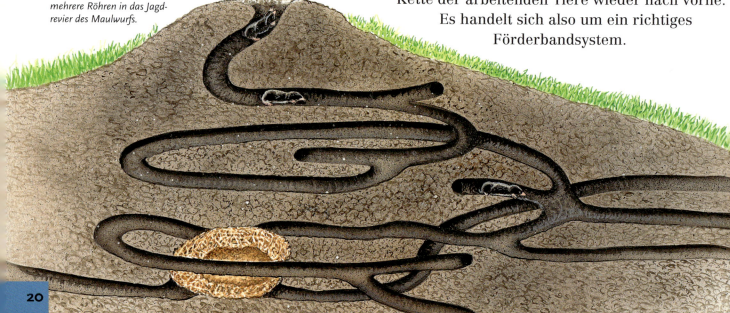

Vom Wohnkessel aus führen mehrere Röhren in das Jagdrevier des Maulwurfs.

MENSCHEN UNTER TAGE

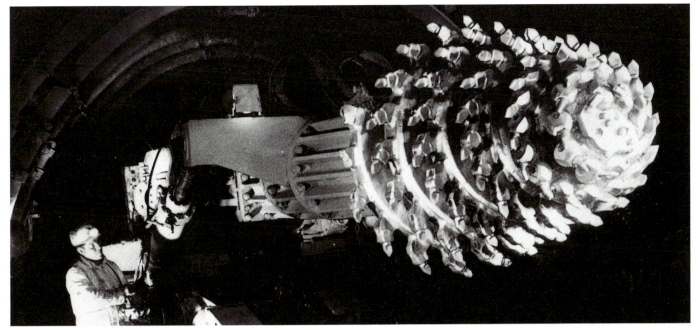

Mit gewaltigen Vortriebsmaschinen werden neue Bergwerksstollen gebohrt. Das gelöste Gestein wird von Förderbändern ans Tageslicht transportiert.

Unterirdische Städte

Für das Leben unter der Erde ist der Mensch nicht geschaffen. Damit wir uns wohlfühlen, brauchen wir das Licht der Sonne und frische Luft. In der Vergangenheit aber haben die Menschen immer wieder unterirdische Räume oder sogar Städte angelegt, zum Beispiel um sich vor Feinden zu schützen.

Bergwerk und Untergrundbahn

Seit Jahrhunderten legt der Mensch unterirdische Gangsysteme an, um beispielsweise Bodenschätze zu gewinnen. Auch viele Verkehrsmittel werden heute streckenweise unter der Erde geführt. Untergrundbahnen verlaufen unter Häusern, Straßen und Flüssen. So entlasten sie die Stadtzentren vom Verkehr.

Die unterirdischen Städte Anatoliens sind mehrere Stockwerke tief.

In der Türkei kann man noch heute unterirdische Städte besichtigen, die vom 7. bis 10. Jahrhundert tief in den Felsen gehauen wurden. Manche dieser unterirdischen Städte reichen mehrere Stockwerke tief unter die Erde. Die Bewohner versteckten sich hier vor arabischen Angreifern.

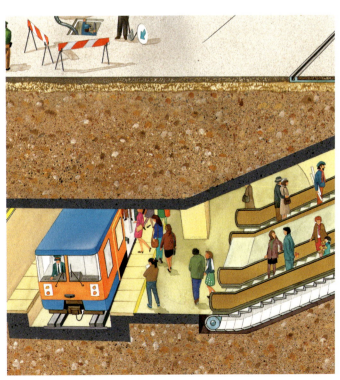

Unter vielen Großstädten breitet sich ein Netz von unterirdischen Bahnhöfen und Verkehrsröhren aus.

21

REGENHAUT UND REETDACH

Wasser abweisende Dächer

Eine wichtige Rolle beim Hausbau spielt das Dach: Es muss Wasser ablaufen lassen und die Räume eines Gebäudes vor Feuchtigkeit schützen.

Der arktische Eisfuchs (rechts) benötigt ein wärmendes Fell mit langen Haaren. Dem Wüstenfuchs (links) genügt ein kurzes Fell.

Eiglocke der Bänderspinne

Die Bänderspinne fertigt eine dünne „Regenhaut", um ihr Eigelege zu schützen. Der etwa daumengroße Eikokon sieht aus wie ein Glöckchen und öffnet sich nach unten. Er besteht aus dem Material, aus dem auch Spinnfäden gebildet werden. Allerdings ist er nicht aus

Das Fell der Füchse

Füchse tragen ein Fell aus mittellangen, leicht eingefetteten Haaren. Wenn es regnet, perlt das Wasser an diesem Fell ab und kann nicht bis auf die Haut durchdringen. Das Fuchsfell ist dem Lebensraum der Tiere angepasst. Der wüstenbewohnende Großohrfuchs hat ein kurzes, lockeres Fell, der arktische Eisfuchs ein längeres, dichtes, das noch besser gegen Wind und Regen schützt.

Am Eikokon der Bänderspinne können Regentropfen gut abperlen.

Reetgedecktes Haus in Norddeutschland: Die Halme des Schilfrohrs liegen dicht an dicht, sodass das Wasser abläuft.

einzelnen Fäden verwoben, sondern stellt eine einheitliche Kunsthaut dar. Diese ist so witterungsbeständig, dass die Eiglöckchen problemlos den Winter überdauern und noch ein oder zwei Jahre später gefunden werden können.

Regenmantel

Wer nach draußen in den Regen muss, zieht einen Regenmantel über oder nimmt einen Regenschirm mit. Wie beim Eikokon der Bänderspinne läuft an einer Regenhaut aus Kunststoff das Wasser ab. So schützt sie den Menschen und alles, was er mit sich trägt.

Reetdach

Ein ähnliches Regenschutzsystem wie die Füchse besitzen auch ältere Häuser in Norddeutschland. Man hat sie mit Schilfrohr, dem Reet, gedeckt. Der einzelne Halm kann zwar nicht wasserundurchlässig abdichten, aber in der Gesamtheit sind die sich überdeckenden Halme wasserdicht – wie ein Tierfell.

MIT SCHINDELN GEDECKT

Zwischen den dicht aneinandergereihten Lamellen werden die Sporen erzeugt. Der Pilzhut schützt die Sporen vor Regen und Tau.

Lamellen und Röhren

Dieser Baumschwamm ist deutlich als Röhrenpilz auszumachen.

Wer einen Pilzhut umdreht, sieht gleich, zu welcher Pilzgruppe er gehört. Die Biologen unterscheiden nämlich Röhrenpilze und Lamellenpilze. Auf der Unterseite der Schirme bilden die Vertreter der ersten Gruppe feine Röhren, die dicht nebeneinander stehen. Wenn man darauf schaut, sieht man die vielen engen Röhrenöffnungen. Lamellenpilze dagegen bilden strahlenförmige Lamellen.

Pilze schützen ihre Sporen

Sowohl in den Röhren als auch an den Lamellen sitzen die Organe, welche die sogenannten Sporen erzeugen. Bei den Sporen handelt es sich um die ungemein winzigen, sehr feinen Vermehrungskörper der Pilze. Damit sie ausgeschüttet werden und herabfallen, muss es in der Umgebung der Sporen ganz trocken sein. Sobald auch nur die geringste Menge Wasser eindringt, verklumpen die Sporen zu einem dicken Brei und können nicht mehr ausfallen. Der Pilz kann sich dann nicht vermehren. Die Pilzkappe ist also nicht „einfach so da", sondern sie erfüllt eine wichtige Funktion: Sie lässt den Regen ablaufen. Damit ihr das perfekt gelingt, ist ihre Oberfläche glatt. Bei älteren Pilzen zerreißt die Oberseite und bildet Schuppen, die manchmal dachziegelartig übereinander liegen. Dann ist die Pilzkappe erst recht Wasser abweisend.

Altrussische Kirchenkuppeln

Nach dem Prinzip der Pilze wurden die Kuppeln altrussischer Kirchen gebaut. Sie sind mit Holzschindeln bedeckt, und diese überlappen sich auf die gleiche Weise wie die Schuppen auf den Pilzhüten. So läuft das Wasser von einer Schindel zur anderen und dringt nicht in den Bau ein.

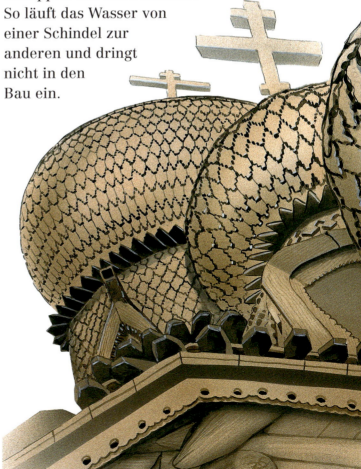

Bei Tintlings-Pilzen blättert die Oberseite schuppig auf und weist damit Regen ab – wie die Schindelkuppeln von altrussischen Kirchen.

NACH BEDARF ÖFFNEN UND SCHLIESSEN

Beweglicher Schutz

Pflanzen schützen ihre Fortpflanzungsorgane durch bewegliche Konstruktionen, die je nach Bedarf geöffnet oder geschlossen werden. Können wir daraus für unsere Dächer lernen?

Blüten- und Blattbewegungen

Blüten schließen sich, um ihre empfindlichen Staubbeutel vor Tau und Regen zu schützen. Die Staubkörner würden nämlich bei Nässe verkleben und wären dann für die Bestäubung nicht mehr zu verwenden. Wenn sich die Nebelschleier aufgelöst und die Wolken verzogen haben, öffnen sich die Blüten wieder. Das Schließen und Öffnen von Blütenblättern geschieht meist über Wachstumsvorgänge. Bei trockenen Hüllblättern können auch Feuchtigkeitsbewegungen, sogenannte hygroskopische Bewegungen, eine Rolle spielen (siehe Kasten rechts). Das hygroskopische Prinzip ist auch in manchen Blütenblättern verwirklicht, besonders hübsch aber in der Sporenkapsel der Moose. Mit der Lupe sieht man, dass feine Zähne die Sporenkapsel umgeben. In der Feuchtigkeit schließen sie die Kapsel, indem sie sich schräg darüberstrecken. Wenn die Außenseite austrocknet, krümmen sie sich zurück und öffnen dabei die Kapsel. Die Sporenkapsel wirkt wie ein Salzstreuer. Wenn sie im Wind schwankt, können die Sporen ausgeschleudert werden. Im Regen muss das verhindert werden – dafür sorgen die „hygroskopischen" Kapselzähne.

Die Kapselzähne einer Mooskapsel sind im Feuchten gerade gestreckt, im Trockenen werden sie zusammengekrümmt.

Versuch zur Feuchtigkeitsbewegung

Wenn man zwei Papierstücke übereinanderklebt und eine Seite befeuchtet, krümmt sich das Papier nach der trockenen Seite. Grund dafür ist, dass sich durch die Einlagerung des Wassers die feuchte Seite streckt. Die Wissenschaftler sprechen von einer Feuchtigkeitsbewegung oder einer hygroskopischen Bewegung.

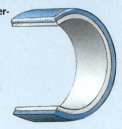

Die „Blütenblatt-Arena"

Das Prinzip der Blütenbewegung wurde auch in der Architektur umgesetzt. Eine Idee zur Stadionüberdachung arbeitet mit „Riesenblütenblättern", die kreisförmig gelagert sind. Bei Regen werden die sonst übereinanderliegenden Dachsegmente ausgefahren und bedecken dann das gesamte Stadion.

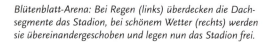

Blütenblatt-Arena: Bei Regen (links) überdecken die Dachsegmente das Stadion, bei schönem Wetter (rechts) werden sie übereinandergeschoben und legen nun das Stadion frei.

TEMPERATUREN ANPASSEN

Heizungen und Klimaanlagen

Termiten nutzen die Wärme der Sonnenstrahlen, um ihre Bauten zu klimatisieren. Wir Menschen brauchen für unsere Heizung im Winter und für die Kühlung im Sommer teure Energie, die wir selbst bereitstellen müssen: Strom, Gas oder Öl. Doch immer mehr werden auch Sonnen- und Windenergie genutzt.

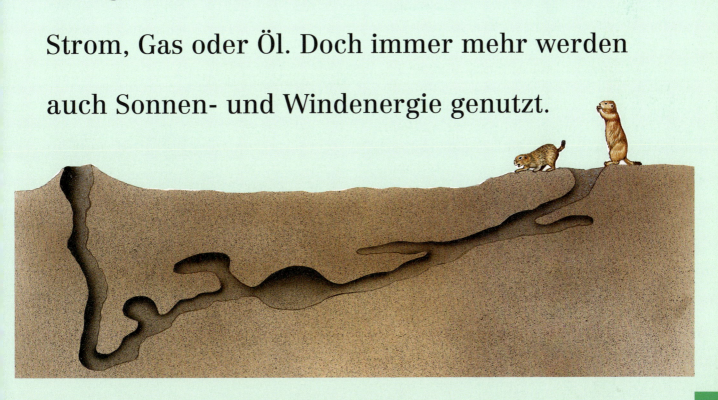

RAFFINIERTE LUFTLEITUNGEN

Klimatisieren mit der Sonne

Dass die Sonne wärmt, weiß jedes Kind. Doch kann man ihre Kraft auch zur Kühlung von Gebäuden nutzen. Viele Tiere heizen und kühlen mit der Sonne und sparen auf diese Weise Unmengen an wertvoller Energie.

Dieser aufgeschnittene Termitenbau zeigt das verzweigte Kammernsystem.

Termitenbau

Die Termiten haben raffinierte Klimaanlagen entwickelt. In der Mitte der Termiten-Hochbauten liegen Wohnkessel und Pilzgärten, die für Nahrungszwecke angelegt werden. Zehntausende von Termiten leben in einem solchen Bau. Zusammen mit den Pilzgärten entwickeln sie Wärme. Die warme Luft steigt auf und wird durch ein verzweigtes Röhrensystem aus der Außenwand nach unten in den „Keller" geleitet. Dort kühlt sie ab und lädt sich mit Feuchtigkeit auf. Die Luft strömt dann wieder hoch, und der Kreislauf setzt sich fort. Das geschieht meist in der Nacht. Tagsüber aber wärmt die Sonne die Außenwände. Nun sollte die Luft dort aufsteigen und in umgekehrter Richtung durch den Stock laufen. Es handelt sich also um ein durch Stoffwechsel- und Sonnenwärme angetriebenes Klimatisierungssystem. Und das ist noch nicht alles: Zum Atmen brauchen die Termiten Sauerstoff und sie produzieren dabei Kohlensäuregas. Da viele Termitenbauten ganz geschlossen sind, muss Sauerstoff auf irgendeine Weise in und im Gegenzug Kohlendioxid aus dem Bau geleitet werden. Da das Baumaterial leicht porös ist, kann das Kohlendioxid aus den Röhren, die dicht unter der Außenwand der Bauten verlaufen, ins Freie treten, und Sauerstoff dringt ein. So kombinieren die Termiten Klimatisierung mit Gasaustausch.

Gebäude-Klimatisierung

Manche Termiten setzen ihren Wohnbauten lange „Lüftungsrohre" auf, in denen Warmluft aufsteigt und entweicht. Architekten haben diese ausgefeilten Gebäude sehr genau studiert und ihr Prinzip übernommen. So gibt es im afrikanischen Harare einen Bürobau mit langen „Kaminen". In ihnen steigt die Warmluft auf, zieht Kaltluft von unten nach und klimatisiert auf diese Weise das Gebäude ganz ohne Stromkosten (siehe auch Seite 30/31).

„Kamine" bei einem Bürogebäude in Harare, Simbabwe

„Kamine" bei den Macrotermes-Termiten in Äthiopien

GENIALE ISOLATIONSTECHNIK

Das Eisbärenfell als Wärmefänger

Der Eisbär ist bekanntlich weiß. Sein Fell ist deshalb weiß, weil die transparenten Haare hohl sind. Wenn Luft in solchen Hohlräumen ist, erscheinen sie immer weiß. In der Mitte des Eisbärenhaares liegt ein feiner, glänzender, hohler Zylinder. Wenn nun Licht einstrahlt – und genau das Gleiche gilt für Wärmestrahlen –, dann können die Strahlen, die einmal in ein Haar eingedrungen sind, nicht mehr entweichen. Sie werden hin und her gespiegelt und gelangen zur Haarbasis, an die Haut des Eisbären. Und die Haut des Eisbären ist – schwarz! Tatsächlich ist der Eisbär eigentlich ein „Schwarzbär", nur trägt er weißes Fell. Legt man einen schwarzen Stein in die Sonne, wird er schneller warm als ein gleich großer weißer Stein. Er absorbiert die Wärmestrahlen und heizt sich dadurch auf. Genauso heizen die im Fell gefangenen Strahlen die schwarze Haut auf. Der Eisbär trägt also seine Klimaanlage stets mit sich herum!

Umgekehrt kann die einmal eingefangene Strahlungswärme nicht mehr entweichen, denn zwischen den Haaren sitzen viele feine Luftpolster. Diese wirken als Isolatoren.

Das Eisbärenfell sammelt Strahlungswärme und lässt sie nicht mehr entweichen (siehe Seite 28).

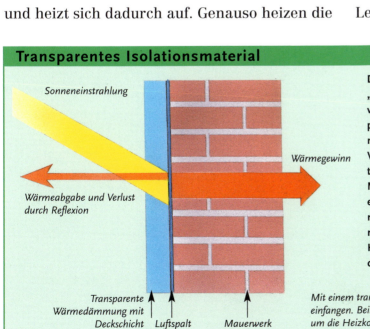

Die Haare des Eisbärenfells wirken als Lichtfalle. Die unbehaarten Stellen lassen erkennen, dass der Eisbär eine schwarze Haut hat.

Luftpolster als Isolatoren

Die Haare des Eisbären fangen zwar die Wärmestrahlen ein, aber für die Isolierung sorgen die vielen feinen Luftpolster, die zwischen den Haaren sitzen. Die eingeschlossenen Luftpolster wirken als Isolatoren, da Luft ein sehr schlechter Wärmeleiter ist. Die Wärme, die der Eisbär sowohl selbst produziert als auch mit seinen Haaren einfängt, kann daher nicht entweichen: Das Tier ist somit bestens an seinen arktischen Lebensraum angepasst.

Transparentes Isolationsmaterial

Sonneneinstrahlung

Wärmeabgabe und Verlust durch Reflexion

Wärmegewinn

Transparente Wärmedämmung mit Deckschicht   Luftspalt   Mauerwerk

Die Techniker sprechen im Fall des Eisbärenfells von einem „transparenten Isolationsmaterial". Sie haben sein Prinzip schon vielfach nachgeahmt. Ein Verfahren besteht darin, viele feine parallele Röhrchen aus Glas oder Kunststoff vorne und hinten mit einer Glasplatte abzuschließen. So schafft man Licht- und Wärmeleiter und eingeschlossene Lufträume, die als transparentes Isolationsmaterial wirken können.

Man kann damit auf der Südseite von Häusern ganze Wände ersetzen, die im Winter die Sonnenwärme durch-, aber nicht mehr herauslassen. So wird die Wärmestrahlung der Sonne optimal genutzt und die Hausbewohner genießen eine kostenlose Heizung. Im Sommer muss man die Röhren natürlich abdecken, denn sonst wird es in den Wohnräumen zu warm.

Mit einem transparenten Isolationsmaterial kann man die Sonnenwärme einfangen. Beim Hausbau hat sich dies als hervorragende Methode erwiesen, um die Heizkosten zu reduzieren.

SCHUTZ VOR KÄLTE

Fell und Kleidung

Tiere tragen ihre Kleidung – Gefieder und Fell – mit sich herum. Der Mensch wechselt Pullis und Hosen je nach Temperatur.

Das Fell als Isolator

Viele Wildtiere stapfen noch im tiefen Winter bei minus 20 Grad durch den Schnee, ohne zu frieren. Ihr Fell, das als guter Isolator wirkt, schützt sie. Dabei sind die Haare des Fells oft gar nicht so lang. Das gilt auch für arktische Tiere wie den Eisfuchs und ebenso für Wolf, Hermelin und Schneehase. Die Haare dieser Felle liegen aber so übereinander, dass viele feine Luftzwischenräume erhalten sind. Und tatsächlich sind es nicht die Haare, die für die Wärmeisolierung sorgen; wie beim Eisbärenfell (siehe Seite 27) bewirkt die eingeschlossene Luft, dass die selbst produzierte Wärme „unter dem Fell" bleibt. So kühlt das Tier nicht aus.

Körperwärme und Kleidung

Der Mensch erzeugt ebenfalls Wärme. Ganz offensichtlich wird das, wenn jemand leichtes Fieber hat und wir ihm die Hand auf die Stirn legen. Aber auch im Normalfall, wenn der Mensch einfach ruhig auf seinem Stuhl sitzt, produziert sein Körper eine gewisse Wärme. Diese reicht allerdings meist nicht, um uns

Mit ihrem weißen, dicken Fell sind Hermelin und Schneehase optimal an die winterlichen Verhältnisse angepasst.

warm zu halten, deshalb ziehen wir uns etwas an. Denn selbst wenn wir im Sommer auf der Terrasse sitzen und nur der geringste Wind weht, „kühlen wir aus". Um uns davor zu schützen, legen wir eine Jacke über. Die Kleidung sorgt dafür, dass die selbst erzeugte Wärme im Körper bleibt und nicht abgestrahlt, vom umströmenden Wind mitgeführt oder durch Schweiß abgegeben wird.

Wenn der Mensch arbeitet, beispielsweise Bäume fällt, steigt die Wärmeabgabe auf ein Mehrfaches an. Dicke Kleidung ist dann nicht mehr notwendig. Im Gegenteil. Es ist wichtig, dass die Wärme abströmen kann, denn sonst überhitzt man. Holzfäller tragen deshalb sogar im Winter meist nur leichte Kleidung.

Winterbekleidung

Während sich Tiere durch ihr Fellkleid gegen Kälte schützen können, braucht der Mensch warme Kleidung, um nicht zu erfrieren. Als Wärmeschutz dienten schon immer Tierfelle oder Daunen von Enten und Gänsen. Vor 5000 Jahren wurde mit der Herstellung von Stoffen aus Naturfasern begonnen: Schafwollfasern wurden zu Garn versponnen, das Garn anschließend zu Tuch gewebt. Wollstoffe halten warm, weil winzige Luftpolster zwischen den Fäden verhindern, dass Körperwärme entweichen kann. Neben Baumwolle und Schafwolle werden auch die Haare von Kamelen, Alpakas und Kaschmirziegen zu hochwertigen Garnen verarbeitet. Heute werden viele Fasern chemisch hergestellt (zum Beispiel Mikrofasern). Oft werden sie für Sportbekleidung verwendet, zum Beispiel für den Wintersport. Die Stoffe sind warm, atmungsaktiv und wasserabweisend.

KÜHLUNG IST LEBENSWICHTIG

Was tun Tiere, wenn es zu heiß wird?
Natürlich müssen Tiere auch einmal schwitzen, denn sie leben ja nicht nur im Winter, sondern auch im Hochsommer. Wenn sie zu langes Fell haben, staut sich die Hitze, und es besteht die Gefahr, dass das Tier einen Hitzschlag erleidet. Was im Winter gut ist, ist im Sommer also schlecht. Wie lösen die Tiere dieses Problem?
Neben Stellen mit dichtem Fell haben Tiere auch „Schwitzstellen", an denen das Fell besonders dünn ist. Ist es kalt, bedecken sie diese Stellen. Lamas, Vikunjas und Guanakos in den Anden Südamerikas haben unterschiedlich langes und unterschiedlich dichtes Fell, beispielsweise auf dem Rücken und auf dem Bauch. Am dünnsten ist es auf der Bauchseite zwischen den Schenkeln. Hier können sie im Sommer Wärme abgeben. Sie müssen sich nur breitbeinig hinstellen und den Wind durch die Beine streichen lassen. So wird der Bauch und damit das ganze Tier gekühlt. Wird es kalt, drücken sie ihre Schenkel zusammen, und die ungeschützte Bauchseite verkleinert sich dadurch ein wenig. Kauern sich die Tiere auf den Boden, verschwindet sie sogar ganz. Körperwärme kann nun nicht mehr in großem Maß entweichen und die Tiere bleiben warm.

Vikunja (links) und Lama (rechts) regulieren ihre Temperatur mit dem Fell.

Kleidung zum Wechseln
Wenn es wärmer oder kälter wird, ziehen wir Menschen „leichtere" oder „wärmere" Kleidung an. Das ist kein Problem. Was aber machen die Tiere? Ganz so einfach ist die Anpassung für sie nicht, denn sie können ihr Fell nicht einfach ausziehen. Aber sie können es wechseln. Am deutlichsten wird das beim Hermelin. Im Winter trägt es ein langes, dichtes, weißes Fell, im Sommer ein kurzes, braunes – nur die Schwanzspitze bleibt immer schwarz.

Hermelin im Sommerkleid

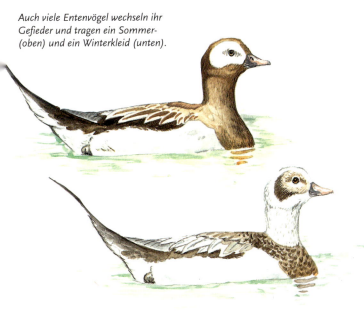

Auch viele Entenvögel wechseln ihr Gefieder und tragen ein Sommer- (oben) und ein Winterkleid (unten).

Auch die Vögel können ihr Kleid – das Gefieder – wechseln, und sie tun das meistens im Rhythmus der Jahreszeiten. Man nennt den Gefiederwechsel Mauser. Natürlich mausern die Vögel die Schwungfedern ihrer Flügel im Allgemeinen nicht alle auf einmal, denn dann könnten sie nicht mehr fliegen. Meistens fällt eine Feder nach der anderen aus, häufig links und rechts die gleiche Schwungfeder.

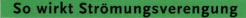
UNTERDRUCK BRINGT FRISCHLUFT

Ventilatoren

Der Mensch lüftet und kühlt oft mit Strom fressenden Ventilatoren und Klimageräten. Manche Tiere machen es schlauer. Sie bereiten ihren Bau so vor, dass Wind und Erdfeuchte für Belüftung und Kühlung sorgen.

Unterdruckpumpe
Der im Watt lebende Pierwurm baut seine u-förmigen Röhren gern beidseitig von einem Sandrippel. An der „Bergseite" strömt das Wasser schneller. Es entsteht Unterdruck, der Wasser durch die Röhre saugt (siehe Kasten). So kommt der Wurm laufend zu sauerstoffreichem Wasser, ohne selbst pumpen zu müssen.

So wirkt Strömungsverengung
Im Deutschen Museum in München ist folgendes Experiment aufgebaut: Ein geschlossenes Röhrensystem wurde mit blauer Flüssigkeit gefüllt. In den Steigrohren steht diese überall gleich hoch, das bedeutet, dass hier gleicher Druck herrscht. Wenn die Flüssigkeit in Strömung versetzt wird, sinkt der Flüssigkeitsstand im mittleren Steigrohr. Dies zeigt, dass der Druck in dem engeren Rohrteil, wo die Flüssigkeit schneller strömen muss, gesunken ist. Strömungsverengung erzeugt also Unterdruck.

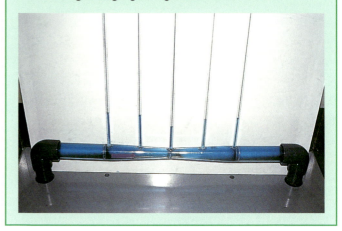

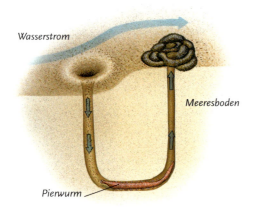

Lüftung
Der nordamerikanische Präriehund nutzt Wind, um seinen Bau zu klimatisieren. Er baut aus dem Abraummaterial seiner Höhle an einem Tunnelausgang einen „Vesuvkegel". Den anderen Ausgang tritt er platt. Der Kegel verändert die Windströmung, sodass ein Unterdruck entsteht. Dieser saugt Luft aus dem Bau. Durch den flachen Eingang fließt ständig frische Luft nach. So wird der Bau ohne Aufwand gelüftet. Der Kegel hat einen weiteren Vorteil: Er sorgt dafür, dass kein Regenwasser in den Bau fließen kann.

Wenn der Wind über die Prärie streicht, wird automatisch Luft aus dem Bau gesogen.

DER WIND ALS KLIMAANLAGE

Windkühlung im alten Iran

Schon seit Jahrhunderten werden zum Beispiel in Afrika, Indonesien und im Iran Häuser mit „natürlicher" Klimatisierung gebaut. Diese können als Vorbild für kostenlose und umweltschonende Kühlung und Belüftung unserer modernen Häuser dienen.

Im alten Iran, gerade in den Wüstenregionen des Nordirans, ist eine Umweltkraft stetig verfügbar: der gleichmäßig wehende Wind. Die alten Baumeister haben den Wind zum Belüften und Klimatisieren benutzt. Wir tun dies heute mit Klimageräten, die viel Strom verbrauchen. Wie wäre es, wenn wir wieder die Windkraft für uns arbeiten lassen würden? So wurde schon vor Jahrhunderten entdeckt, dass in Tonnengewölben, die man quer zur Windrichtung stellt, ein Unterdruck entsteht, wenn der Wind darüberstreift. Das heißt: Macht man oben ein Loch in das Gewölbe, so saugt der Wind die meist warme Luft aus dem Inneren an und kühlere Luft kann durch seitliche Öffnungen nachströmen.

Baut man ein Tonnengewölbe über eine Zisterne, verdunstet Wasser und Verdunstungskälte entsteht. Der Wind sorgt also für die Kühlung des Wasservorrats! Das Prinzip ist ganz einfach: eine Tonne oder eine eiförmige Kuppel, die oben eine Öffnung hat!

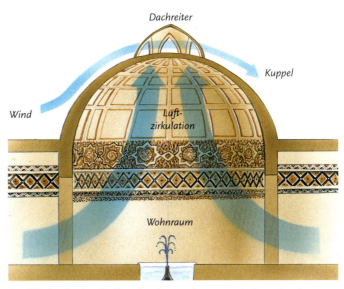

Der Wind weht über die Kuppel und saugt oben warme Luft aus dem Inneren. Kühlere Luft fließt durch die Seitenöffnungen nach.

Windtürme

Die alten Iraner haben auch spezielle Windtürme gebaut. Der seitlich anprallende Wind wird durch den Dachreiter aufgefangen und durch Kanäle nach unten gedrückt. Auf der anderen Seite kann Luft abgesaugt werden. Kurz unter der Bodenoberfläche der heißen Wüstenregion liegen die Wohnräume. Die angesaugte Luft gelangt nicht direkt in die Zimmer, sondern wird erst einmal mehrere Dutzend Meter in einen Schacht unter der Erde geleitet. Hier kühlt sich der Luftstrom ab und nimmt Feuchtigkeit aus der Umgebung auf. Wenn er dann in die Wohnräume eintritt, bringt er angenehme Frische und Kühle. Moderne Architekten haben begonnen, ähnliche Prinzipien auch in die heutigen Architekturen einzubringen (siehe auch Seite 26).

Hallenräume oder geschlossene Sportstadien werden häufig so geplant, dass auf mechanische Belüftung weitgehend verzichtet werden kann. Mit Computerprogrammen wird berechnet, wie verbrauchte Luft oder Schadgase am besten entlüftet werden können.

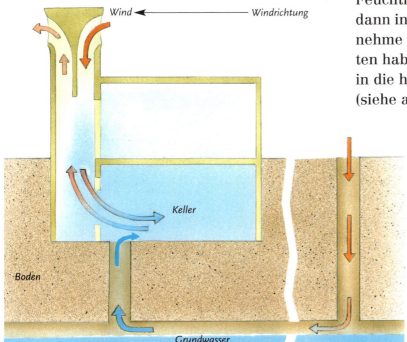

Der Wind saugt nicht nur warme Luft durch den Windturm heraus, die nachfließende Luft wird auch durch die Verdunstungskälte des Grundwassers zusätzlich gekühlt.

DEN GEFRIERPUNKT SENKEN

Frostschutz

Dass man mit chemischen Mitteln den Gefrierpunkt senken kann, hat nicht erst die Technik erkannt.

Überleben bei Minustemperaturen

Jedes Lebewesen hat seine Vorzugstemperatur. Der Mensch fühlt sich zum Beispiel am wohlsten bei mittleren Temperaturen, die etwas über 25 Grad liegen. Durch Heizung oder Lüftung, durch leichte oder dicke Kleidung stellen wir die Temperatur in der Umgebung unserer Haut auf diesen behaglichen Wert ein.

Manche Tiere fühlen sich bei sehr geringen Wärmegraden wohl und sind dann auch aktiv, so Kaltwasserbewohner. Fische der Antarktis beispielsweise leben sogar bei leichten Minusgraden, die das salzhaltige Meerwasser dort

Hitzeresistente Lebewesen

Einige Lebewesen vertragen extrem hohe Temperaturen, wie wir Menschen sie niemals aushalten würden. Manche Bakterien und Algen leben noch in heißen Quellen, deren Wasser eine Temperatur von bis zu 90 Grad erreicht! In „kälterem" Wasser von 50 Grad – das für uns bereits unerträglich ist – könnten sie gar nicht existieren, so sehr sind diese Lebewesen an derart hohe Temperaturen angepasst.

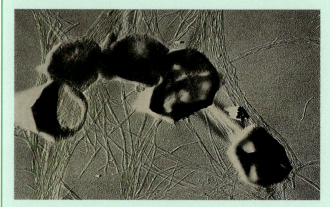

Das in dieser mikroskopischen Aufnahme abgebildete Thermobakterium Occultium vecultum lebt bei knapp 100 °C.

Der Antarktisfisch Trematonius nicolai lebt bei minus 1,8 °C.

annimmt. Würde ihr Stoffwechsel funktionieren wie der des Menschen, müsste die Flüssigkeit in den Zellen gefrieren und diese dadurch zerreißen. Das verhindern aber körpereigene Gefrierschutzmittel, die im Blut und den übrigen Körperflüssigkeiten verteilt werden und den Gefrierpunkt auf minus 2,8 Grad senken. Das heißt, dass der Fisch erst dann zu Eis erstarrt, wenn die Wassertemperatur bis auf diesen Wert absinkt. Dann aber wäre auch das Antarktiswasser schon längst gefroren.

Gut gefüllt – der Kühler

Der Mensch setzt chemische Mittel ein, um großer Kälte Herr zu werden. Natürlich tut er das nicht für seinen eigenen Schutz. Am bekanntesten ist wohl das Frostschutzmittel, das man dem Kühlerwasser des Autos zusetzt. Ebenso wie die Gefrierschutzmittel der Antarktisfische verhindert es, dass das Wasser zu Eis erstarrt, sich dabei ausdehnt und das gesamte Kühlsystem zerstört.

FORTBEWEGUNG AN LAND UND UNTER WASSER

Laufen, Springen, Schwimmen

Die Mehrzahl der Tierarten kann sich laufend, springend oder schwimmend fortbewegen. Auch für den Menschen ist Fortbewegung ein wichtiges Thema. Kein Wunder also, dass es gerade hier besonders viele Querbeziehungen zwischen Natur und Technik gibt. Im Vorbild Natur steckt so manche Anregung für eine umweltgerechte – weil Treibstoff sparende – Technik der Zukunft.

> **SCHWIERIGE KOORDINATION**

Laufmaschinen und Roboter

Beine und Bewegungsabläufe von Tier und Mensch können Vorbild für nützliche Laufmaschinen und Roboter sein.

Insekten laufen mit sechs Beinen

Wenn Insekten laufen, müssen sie jedes ihrer sechs Beine zuerst vorwärts bewegen und dann nach hinten stemmen. Das kann sehr rasch gehen. Die schnellsten Insekten – die Schaben – laufen etwa einen Meter pro Sekunde. Es kann aber auch sehr gemütlich zugehen, wie bei manchem dicken Käfer. In jedem Fall aber müssen die Beine gut zusammenarbeiten. Verantwortlich dafür, dass der Ablauf reibungslos funktioniert, ist das Nervensystem des Insekts. Es verzweigt sich bis in alle Muskeln der Beine und bestimmt, mit welchem Rhythmus jedes Bein vorgezogen, aufgesetzt und zurückgestemmt werden muss.

Sechsbeinige Laufroboter

Techniker haben die Laufbewegungen der Insekten genau studiert und Laufmaschinen gebaut, die nach demselben Prinzip arbeiten. Ebenso wie die Insekten besitzen diese Roboter sechs Beine mit Gliedern und Gelenken. Die Aufgabe des Nervensystems übernimmt ein Computer, in dem das Laufprogramm gespeichert ist. Die sechs Beine stimmen sich zusätzlich noch untereinander ab.

Man nennt diese Laufmaschinen auch „Rohrkrabbler", denn sie haben ein sehr spezielles Einsatzgebiet. Gibt es zum Beispiel ein Problem in der Kanalisation, werden die Rohrkrabbler mit kleinen Videokameras ausgestattet und in die Rohre entlassen. Anhand der von ihnen gemachten Aufnahmen lässt sich feststellen, wo die Abwasserleitungen kaputt sind; und dann kann man sich gezielt an ihre Reparatur machen.

Mit ihren Beinen stemmen sich die Rohrkrabbler von den Tunnelwänden ab. Das wäre mit Rädern kaum möglich.

AUF BREITEN SOHLEN

Laufen leicht gemacht

Um auf weichen Materialien wie Schnee und Sand laufen zu können, muss Gewicht reduziert oder großflächig verteilt werden.

Federkranz und dichtes Fell

Tiere, die in schneereichen Gebieten leben, müssen dafür sorgen, dass sie nicht im Schnee versinken. Das Alpenschneehuhn hat zu diesem Zweck einen Federkranz ausgebildet, der um seinen Fuß herumwächst. Das Körpergewicht verteilt sich damit auf eine größere Fläche und der Druck verringert sich dadurch. Auch die in nördlichen Regionen heimischen Schneehasen sind hervorragend ausgestattet, um auf weichem Schnee hoppeln zu können. Ihre besonders breit gebauten Füße sind mit dichtem Fell besetzt. So sinken die Hasen nicht ein. In Kanada und Alaska gibt es sogar eine Schneehasenart, die man wegen ihrer sehr großen und stark behaarten Hinterfüße „Schneeschuhhase" nennt.

Gut getarnt und ohne einzusinken bewegt sich das Alpenschneehuhn auf Schnee vorwärts.

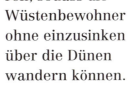

Die Sportartikel-Industrie hat für Bergwanderer und Tourengeher hochmoderne Schneeschuhe entwickelt, die nach demselben Prinzip funktionieren wie der Federkranz des Alpenschneehuhns.

Schneeschuhe

Wenn wir in lockerem Schnee spazieren gehen, sinken wir tief ein und müssen uns Schritt für Schritt aus dem Schnee stemmen. Es kostet ungeheuer viel Kraft und Energie, so zu laufen. Die Bewohner der schneereichen nordischen Länder haben uns vorgemacht, was man tun kann, um nicht einzusinken. Sie tragen an ihren Füßen Schneeschuhe. Das sind ovale oder runde Holzreifen, die mit ledernem Flechtwerk ausgestattet sind. Wie der Federkranz des Schneehuhns verteilt auch der Schneereifen das Körpergewicht auf eine größere Fläche. Damit verringert sich der Druck und man sinkt nicht in den weichen Schnee ein.

Auf Dünen wandern

Sand ist ein ähnlich problematischer Untergrund wie Neuschnee, denn auch in ihn sinkt man leicht ein. Kamele, die ja tagtäglich durch die Wüste ziehen, besitzen besonders „breite Füße". Auch sie helfen den Druck zu reduzieren, sodass die Wüstenbewohner ohne einzusinken über die Dünen wandern können.

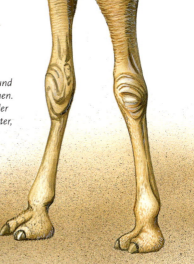

Kamele besitzen an Vorder- und Hinterbeinen nur je zwei Zehen. Die beiden ersten Zehenglieder ruhen auf einem breiten Polster, das als Sohle auf den Boden gesetzt wird.

PADDELARTEN UND -BEWEGUNGEN

Flotte Schwimmer

Mit kräftigem Ruderschlag oder eleganten Flossenschwüngen schieben sich Käfer und Fische durch das Wasser. Kann der Mensch von ihrer Technik lernen?

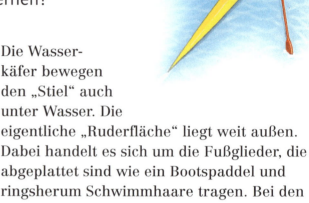

Der Furchenschwimmer lebt in schwach bewegten und stillen Gewässern.

Die Wasserkäfer bewegen den „Stiel" auch unter Wasser. Die eigentliche „Ruderfläche" liegt weit außen. Dabei handelt es sich um die Fußglieder, die abgeplattet sind wie ein Bootspaddel und ringsherum Schwimmhaare tragen. Bei den Taumelkäfern sind das keine Haare, sondern kleine Blättchen, die sich überlappen. So entsteht eine große Ruderfläche.

Dieses Ruderbein mit gespreizten Schwimmhaaren wurde im Wasserkanal aufgenommen.

Das Ruderbein mit gespreizten Schwimmblättchen wurde im Raster-Elektronen-Mikroskop aufgenommen.

Schwimmkäfer

Einige Käferarten, wie zum Beispiel der Furchenschwimmer, sind perfekt an das Leben unter Wasser angepasst. Um sich schnell vorwärtsbewegen zu können, haben diese Echten Schwimmkäfer ihre Hinterbeine zu Schwimmbeinen umgewandelt. Wenn diese Schwimmbeine gegeneinander schlagen, entsteht durch den Wasserdruck ein Vortrieb, der den Käfer durch das Wasser schiebt.

Rudertechniken

Ruderbootfahrer tauchen ihre Riemen links und rechts zur gleichen Zeit ein und schlagen sie dann nach hinten gegeneinander. Der Riemen eines Bootfahrers besteht aus einem langen Stiel, der in der Luft bleibt, und einem abgeflachten Blatt, das eingetaucht unter Wasser bewegt wird.

Kraft sparend rudern

Beim Zurückholen des Riemens heben Ruderer ihre Geräte aus dem Wasser heraus. Der Wasserkäfer dagegen muss seine Beine unter Wasser zurückführen. Das ist wesentlich anstrengender. Um Kraft zu sparen, legt er beim Vorziehen seine Schwimmhaare zusammen und schiebt auch die Beinglieder etwas ineinander. So bremst er nicht allzu viel. Beim Ruderschlag muss der Wasserkäfer dagegen eine große Schubkraft entwickeln. Das schafft er, indem er das Schwimmbein spreizt.

Beim Vorziehen des Schwimmbeins darf der Wasserkäfer nur wenig Bremskraft entwickeln, deshalb legt er es zusammen, beim Ruderschlag hingegen spreizt er es.

MIT FLOSSEN DURCH DAS WASSER

Antrieb durch Schwingung

Damit Unterseeboote durch das Wasser bewegt werden können, sind sie mit einer rotierenden Schiffsschraube ausgestattet. Diese erzeugt Schubkraft und treibt das Boot im Wasser an. Achse und Wellen, die sich laufend drehen, kennt die Natur nicht. Dafür kann sie Beine, Flossen und Flügel in Schwingungen versetzen. Wenn der Thunfisch vorwärtsschwimmt, dann schwingt er seine Schwanzflosse von links nach rechts und wieder zurück. Bei Delfinen und Walen schwingt die Flosse dagegen auf und ab. Dieser Unterschied will aber nicht viel besagen; die Schwimmtechnik ist letztlich die gleiche: Schwingung.

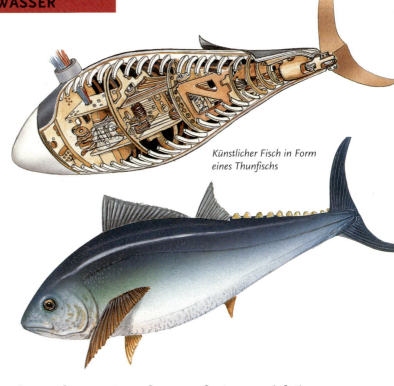

Künstlicher Fisch in Form eines Thunfischs

Boote mit „Flossen"

Während die Technik überwiegend das Prinzip der Rotation verwendet, benutzt die Natur also das Prinzip der Schwingung. Aber könnte die Schwingung nicht auch technisch nutzbar sein? Ingenieure haben berechnet, dass ein Schwingvortrieb mit Flossen wirkungsvoller arbeitet als ein Schiffsschraubenvortrieb und damit weniger Treibstoff verbraucht. Deshalb hat man daran gearbeitet, den Schwingungsantrieb technisch umzusetzen.

Seit der Wende zum 20. Jahrhundert gibt es viele Patente, die versuchen Boote und Unterseeboote mit schwingenden Flossen anzutreiben. Aber erst vor kurzem hat man richtige „Fischunterseeboote" gebaut – wenn auch nur in kleinem Maßstab. Sie werden von einer hin und her schwingenden Flosse angetrieben, die derjenigen des Thunfischs gleicht.

Doppelflossen

Wer mit Schwimmflossen schwimmt, kommt rascher vorwärts als ohne diese Hilfsmittel. Taucher bewegen die beiden Flossen dabei im Gegentakt. Der Fisch aber besitzt nur eine Schwanzflosse. Bringt das Vorteile? Diese Frage hat Erfinder nicht ruhen lassen und sie haben eine „Doppelflosse" gebaut, in die man mit beiden Füßen schlüpft. Um diese große Flosse auf und ab zu bewegen, müssen die Taucher ihre gesamte Bein-, Bauch- und Rückenmuskulatur einsetzen. Wer das geübt hat, wird erstaunt sein, wie leicht er vorwärtskommt. Offensichtlich ist der Trick der Fische, „alles auf eines zu setzen" – nämlich nur auf eine einzige große Schwimmflosse –, die beste Lösung, um schnell zu schwimmen.

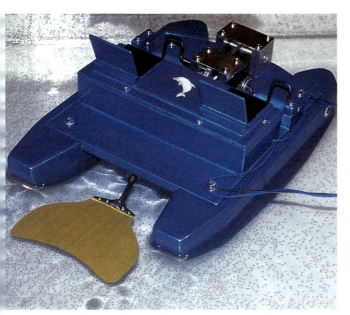

Der Flossenantrieb kann auch bei Tretbooten Verwendung finden.

DAS GEHEIMNIS DICKER RÜMPFE

Schnittige Gestalt

Pinguine und Delfine sind dick wie Mehlsäcke, aber sie schwimmen sehr gut. Kennzeichnend dafür ist der niedrige Widerstandsbeiwert.

Flugzeuge mit dicklichem Rumpf (oben) haben einen geringeren Widerstandsbeiwert als Flugzeuge mit schmalem Rumpf (unten).

Delfine sind trotz ihres eher dicken Körpers sehr flinke Schwimmer.

Dicke Schwimmer

Im Zoo kann man beobachten, wie flink Pinguine durchs Wasser flitzen. Dabei sind sie gar nicht besonders „strömungsschnittig" gebaut, sondern ziemlich dick. Auch Delfine sind eher dicklich, aber sie überraschen durch ihre schnellen Züge durch das Wasser. Lange Zeit hat man nicht verstanden, warum ein dicker Körper so wenig Widerstand erzeugt und derart schnell schwimmen kann.

Sparsame Flugzeuge

Messungen haben ergeben, dass dicke Rümpfe fantastisch gut sind. Ihre Widerstandsbeiwerte (siehe Kasten) sind kleiner, das heißt viel besser als beispielsweise die von schnittig aussehenden Rennautos. Das hat auch zu Vorschlägen geführt, wie man Verkehrsflugzeuge mit „dicken Rümpfen" bauen könnte. Sie würden nicht nur Treibstoff sparen, sondern könnten mit einer gegebenen Treibstoffmenge viel mehr Passagiere transportieren. Damit würde auch der Flugpreis sinken, den der einzelne Passagier zu zahlen hat. Leider sind solche Rümpfe viel schwieriger zu bauen als „Zigarrenrümpfe", bei denen letztlich ein Segment aussieht wie das andere. Flugzeuge mit dicken Rümpfen wären also sehr viel teurer. Wenn sie mehr kosten als sie Treibstoff einsparen, lehnt sie jeder Kaufmann ab. Steigen die Treibstoffpreise aber weiter, dann werden sich auch dicke Rümpfe rechnen.

Der Widerstandsbeiwert

Die Technik hat bestimmte Kenngrößen ausgearbeitet, mit denen der Biologe Tiere und Pflanzen besonders gut erforschen und beschreiben kann. Ein typischer technischer Kennwert aus der Strömungsforschung ist der Widerstandsbeiwert (c_W-Wert). Heutzutage kennt ihn jedermann aus der Automobilwerbung. Vergleichen wir schnell bewegte Körper aus Natur und Technik, nämlich Pinguine und Autos. Für den Vergleich spielt es keine Rolle, dass sich Pinguine durch Wasser, Autos durch Luft bewegen. Wasser und Luft sind beide Fluide und können in diesem Fall gleich behandelt werden. Ein Auto spart umso mehr Benzin, je weniger Widerstand es erzeugt. Kastenförmige Möbelwagen haben c_W-Werte von mindestens 0,8. Autos von der Gestalt des VW Käfers dagegen nur etwa 0,4. Wie sieht es beim Pinguin aus? Für den Eselspinguin ist ein c_W-Wert von 0,07 gemessen worden. Im Extremfall kann er sogar 0,035 erreichen!

DER WIND ALS FORTBEWEGUNGSMITTEL

Fliegen und Segeln

Am Himmel kreisende Vögel, durch die Luft segelnde Löwenzahnsamen – Tier- und Pflanzenreich haben vielfältige Möglichkeiten entwickelt, Luft und Wind für die Fortbewegung zu nutzen. Muss das den beobachtenden Menschen nicht auf Ideen gebracht haben? Am Anfang der Flugtechnik mit Sicherheit. Heute lernt man mehr von Details.

MIT DEM WIND TREIBEN

Gleit- und Segeltechniken

Fallschirme und Flugtechniken im Tier- und Pflanzenreich haben die frühe Flugzeugforschung inspiriert und geben ihr noch heute wertvolle Konstruktionstipps.

Gleitflug, Segelflug und aktiver Flug

Eine Taube sitzt auf der Dachrinne, peilt nach unten, spreizt die Flügel und gleitet dann ohne einen einzigen Flügelschlag schräg abwärts. Es weht überhaupt kein Wind. Wenn man ihr nur genügend Platz lässt, wird die Taube von der Dachrinne aus weit über Land gleiten können, bevor sie wieder auf dem Boden aufsetzt. Beim Gleitflug wird Höhe verloren. Wenn der Gleitflug nun aber nicht in ruhender Luft durchgeführt wird, sondern in aufsteigender, kann es sein, dass der gleitfliegende Vogel sogar hochgetrieben wird. Dann spricht man von Segelflug. In aufsteigenden Warmluftblasen können sich Vögel kreisend bewegen und dann kilometerweit hochgetragen werden. Wir kennen das beispielsweise von Bussarden. Segelflug ist also, kurz gesagt, Gleitflug in aufsteigender Luft.

Beim aktiven Flug schließlich müssen Vögel, Insekten oder Fledermäuse ihre Flügel bewegen. Dazu ist Muskelarbeit nötig. Flugzeuge müssen Propeller oder Triebwerke in Gang halten. Das kostet Motorenleistung. Um diese Leistung zu erzeugen, verbrennen Zugvögel Fett-Treibstoffe und Flugzeuge Flugbenzin. Diese Treibstoffe müssen während des gesamten Flugs mitgeführt werden. Tiere speichern sie im Fettgewebe und Flugzeuge in den Treibstofftanks.

Der Gleitflug dieses Stars wird im Windkanal beobachtet.

Samen der Baumliane

Die kürbisartigen Fruchtstände tropischer Baumlianen der Gattung Zanonia wachsen hoch oben in den Baumkronen. Ihre Samen tragen Flügel, die nach hinten abgebogen sind. Das Ganze ist ein „Nurflügelflugzeug". Die Samen gleiten langsam und völlig stabil in großen Spiralen abwärts und werden dabei von Seitenwinden mitgenommen und verbreitet.

Das Nüsschen der Zanonia-Baumliane liegt im Schwerpunkt des feinen Gebildes.

Die Etrich-Rumpler-Taube nutzte Techniken der Zanonia und der Haustaube.

Die Etrich-Rumpler-Taube

Der Österreicher Igo Etrich und der deutsche Fabrikant Edmund Rumpler haben die Etrich-Rumpler-Taube konstruiert, die vor dem Ersten Weltkrieg große Bekanntheit erlangte. Bei der Entwicklung der Flügelform dieses sehr stabilen Flugzeugs hat man sich an den Samen der Zanonia orientiert und die Prinzipien des Gleitflugs der Haustaube übertragen.

RILLEN VERRINGERN DEN WIDERSTAND

Gleitzahlen in Natur und Technik

Lässt man eine Haustaube in Gedanken aus einem Kilometer Höhe starten, dann kann sie rund zehn Kilometer bis zur Grundberührung gleiten. Man sagt, ihre Gleitzahl ist gleich zehn. Modellflugzeuge aus Balsaholz sind etwas besser. Sie könnten vielleicht 15 Kilometer gleiten. Große Verkehrsflugzeuge gleiten noch besser; ein Jumbojet kann aus einem Kilometer Höhe knapp 30 Kilometer gleiten, ein gutes Segelflugzeug sogar an die 50 Kilometer. Fliegt ein Jumbo zehn Kilometer hoch, kann er also fast 300 Kilometer gleiten, bis es zur Grundberührung kommt! Dafür sorgen die gut ausgebildeten Flügel, die viel Auftrieb erzeugen, und der Rumpf, der wenig Widerstand bietet. Man sagt: Das Flugzeug (oder der Vogel) ist „aerodynamisch gut geformt".

Vorbild Hai

Wenn man mit einer starken Lupe die Oberfläche eines Hais betrachtet, sieht man, dass sie mit feinen Schuppen besetzt ist. Das ist aber noch nicht alles: Die Schuppen tragen viele dicht nebeneinander liegende Rillen, die am Körper des Hais entlanglaufen. Strömungsmechaniker haben festgestellt, dass diese Rillen den Widerstand vermindern. Das heißt: Mit derartig gerillten Schuppen braucht der Hai keine allzu große Schwimmleistung und kann trotzdem ungemein schnell schwimmen.

Neue Haut für Airbusse

Was liegt näher, als auch Unterseeboote oder Flugzeuge mit solchen Rillen zu versehen? Dann könnten sie bei gegebenem Treibstoffverbrauch schneller fliegen oder schwimmen. Das ist aber nicht so wichtig. Viel wichtiger ist: Sie könnten bei gegebener Flug- und Schwimmgeschwindigkeit Treibstoff einsparen und würden damit auch deutlich weniger schädliches Treibhausgas (Kohlendioxid) erzeugen. Tatsächlich hat man Airbusse mit gerieften Folien beklebt. Sie verbrauchen damit messbar weniger Treibstoff. Da Treibstoff sehr teuer ist, freuen sich die Fluggesellschaften über diese Erfindung, denn ihr Gewinn steigt. Wahrscheinlich werden wir bald nur noch Flugzeuge mit fein geriefter Haut oder fein genoppter Oberfläche benutzen, denn keine Fluggesellschaft lässt sich größeren Gewinn entgehen. Auch aus ökologischer Sicht ist das Ganze sehr sinnvoll, denn weniger Treibstoffverbrauch bedeutet geringeren Schadstoffausstoß.

Katastrophen verhindern

Wenn sich ein Vogel oder ein Flugzeug sehr steil anstellt, kann die Strömung auf der Flügeloberseite abreißen. Der Auftrieb bricht dann zusammen und der Flugkörper sackt durch wie ein Stein. Beim Vogel verhindert das Deckgefieder, das sich automatisch aufstellt, in gewissen Grenzen diesen Effekt. Seit kurzem verwendet man bei Segelflugzeugen erfolgreich deckgefiederartige Flügelklappen.

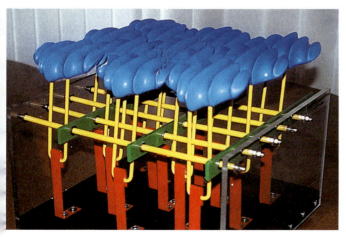

An solchen und ähnlichen Modellen wurde in einem Berliner Strömungskanal der Widerstand von Haischuppen bestimmt.

Gleitfliegende Raubmöwe mit angehobenem Deckgefieder. Am rechten Flügel ist sogar eine „Deckfeder-Tasche" ausgebildet.

GROSSE FLUGSTRECKEN

Ausdauernde Flieger

Der Vogelflug wird schon seit der Antike vom Menschen studiert. Doch noch immer reicht die Flugkunst der technischen Fluggeräte nicht an diejenige der Vögel heran.

Kurz- und Langstreckenflieger

Viele Vögel legen auf der Suche nach Futter täglich mehrere Flugkilometer zurück. Zwischen Futterplatz und Nest fliegt zum Beispiel ein Gartenrotschwanz zwischen 100 und 200 Meter, und das vielmals am Tag. So kommen täglich einige Kilometer zusammen.

Weltrekordler

Den Weltrekord im „Flug am Stück" halten die amerikanischen Waldsänger.
Von der nordamerikanischen Küste aus, zum Beispiel von Kap Cod, fliegen sie in Richtung Südost ab und lassen sich dabei von den aus Nordwest blasenden Winden teilweise schieben. Das spart erheblich Energie.
Bis zu den Bermudas benötigen die Vögel etwa 18 Stunden. Bei ihrem Weiterflug gelangen sie mehr und mehr in den Bereich der immer stärker aus Osten blasenden Passatwinde. Diese

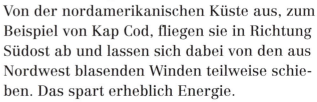
Amerikanischer Waldsänger

Der Gartenrotschwanz ist ein fleißiger Vielflieger.

Das ist aber noch gar nichts gegen die Flugleistungen von Zugvögeln, die je nach Temperatur und Jahreszeit ein anderes Quartier ansteuern. 1000 bis 2000 Kilometer am Stück zu fliegen – das ist für einen dieser Vögel gar keine Kunst. Es gibt Vögel, die ohne eine Rast einzulegen über den Atlantik fliegen oder, wie die Mauersegler, die Alpen, das Mittelmeer und die ganze Sahara „am Stück" überqueren.
Hier sind wirklich beachtliche Flugleistungen zu vermerken. Küstenseeschwalben zum Beispiel fliegen regelmäßig von der Arktis in die Antarktis und wieder zurück. Bei ihrem Flug, der sie im Prinzip vom Nordpol zum Südpol der Erde führt, sind sie mehrere Zehntausend Kilometer unterwegs.

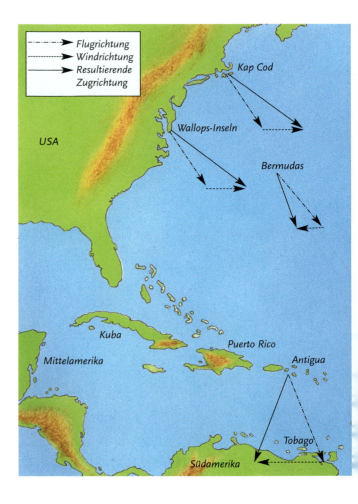

42

84 FLUGSTUNDEN – NONSTOP

biegen die Flugbahn über Antigua, Barbados, Tobago in Richtung Süden und schließlich sogar Südwesten um. Dadurch gelangen die Waldsänger sozusagen automatisch zum südamerikanischen Festland. Für die Strecke von den Bermudas bis Antigua benötigen sie rund 48 Stunden. Weitere 18 Stunden dauert der Flug bis zur Nordküste Südamerikas. Wenn die Waldsänger dort ankommen, haben sie also 84 Stunden Nonstopflug hinter sich.

Rubinkehlkolibri

Ein bemerkenswerter Flieger ist auch der Rubinkehlkolibri. Dieser Vogel ist nur rund sechs Zentimeter lang und bei seinem Abflug über den Golf von Mexiko 3,8 Gramm schwer. Die Hälfte davon ist Fett – es dient ihm als Treibstoff. Der winzige Vogel fliegt mit einer Durchschnittsgeschwindigkeit von 45 Kilometer pro Stunde. In einer Sekunde legt er 208 Körperlängen zurück. Für den Transport von einem Gramm muss er eine mittlere Leistung von 0,3 Watt aufwenden. Nach der maximalen Flugzeit hat er rund 50 Prozent seiner gesamten Masse an Fett-Treibstoff verbrannt.

Passagierflugzeuge

Auch der Mensch hat Langstreckenflieger entwickelt. In riesigen Flugzeugen mit Sitzplätzen für mehrere Hundert Passagiere werden heute tagtäglich viele Menschen von Europa nach Australien oder von Asien bis Afrika und wieder zurück befördert.
Der Jumbo Boeing 747–400 ist 71 Meter lang und bei seinem Abflug 395 Tonnen schwer. Er fliegt mit einer durchschnittlichen Reisegeschwindigkeit von 925 Kilometer pro Stunde. In einer Sekunde legt er also 3,8 Körperlängen zurück. Für den Transport von einem Gramm muss er eine mittlere Leistung von 0,5 Watt aufwenden. Nach der maximalen Flugzeit hat

Fluggeschwindigkeit

Die Reisegeschwindigkeit der Vögel wird oft überschätzt. Je nach Größe und Art können sie Fluggeschwindigkeiten zwischen etwa 35 und 130 Kilometern pro Stunde erreichen. Diese Tabelle gibt die ungefähre mittlere Fluggeschwindigkeit für kleinere Vögel und höchste Geschwindigkeit für Kolibris und Greifvögel an.

- Kleinvögel: 35 km/h
- Möwen: 55 km/h
- Eulen: 65 km/h
- Stare: 80 km/h
- Storch: 110 km/h
- Kolibri: 110 km/h
- Adler: 130 km/h

der Jumbo Boeing 747–400 insgesamt 41,3 Prozent seiner gesamten Masse an Flugbenzin verbrannt. Vergleicht man die Daten von Kolibri und Jumbo, wird man also erstaunliche Ähnlichkeiten – etwa im Treibstoffverbrauch –, aber auch große Unterschiede feststellen.

Die Reisegeschwindigkeit des Jumbos liegt bei 925 km/h.

DEN NÖTIGEN HUB ERZEUGEN

Flugzeuge für jeden Zweck

Flugzeug beim Start

Flugzeug ist nicht gleich Flugzeug. Den Anforderungen entsprechend statten Natur und Technik Flieger unterschiedlich aus.

Abflug von der Rollbahn
Verkehrsflugzeuge sind für ihren Start auf eine lange Rollbahn angewiesen. Voll betankt wiegen sie natürlich besonders viel. Damit die Hubkraft zum Abheben ausreicht, muss die Startgeschwindigkeit sehr hoch sein. Die Triebwerke müssen daher enormen Schub erzeugen. Große und schwere Vögel – Geier, Albatrosse, Schwäne – starten ganz ähnlich. Sie laufen manchmal Dutzende von Metern flügelschlagend gegen den Wind über Land oder Wasser, bis sie genügend Auftrieb erzeugt haben.

Flügelschlagend startet dieser Höckerschwan aus dem Wasser.

Senkrechtstart
Natur wie Technik kennen Senkrechtstarter. Diese Flugzeuge haben einen großen Vorteil: Sie können sozusagen vom Platz weg starten und benötigen keine lange Rollbahn. Getestet wurde diese Technik vor allem bei Militärflugzeugen, die von Kriegsschiffen aus fliegen. Sie sind mit schwenkbaren Triebwerken ausgestattet, die den Düsenschub nach unten leiten und das Flugzeug senkrecht in die Luft heben.
Die Natur hat einige leichte und mittelgroße Vögel auf den Senkrechtstart spezialisiert. Der Kolibri zum Beispiel kann vom Punkt weg hochstarten.
Dieser winzige Vogel ist im Übrigen ein bemerkenswerter Flieger. Als einziger Vogel kann er im freien Flug seitwärts und rückwärts fliegen.

Dieses Bild zeigt den Kolibri bei seinem senkrechten Steigflug.

Schnelligkeit
Eines der schnellsten je gebauten Propeller-Jagdflugzeuge war die 8,6 Meter lange Messerschmitt Me 109 R. Im Jahr 1939 flog sie 755 Kilometer pro Stunde und legte dabei 24 Rumpflängen pro Sekunde zurück.
Unter den Insekten zeichnen sich die Bremsen durch ihre hohen Fluggeschwindigkeiten aus. Am schnellsten fliegt die rund drei Zentimeter lange Rinderbremse. Sie kommt auf etwa 50 Kilometer pro Stunde, also auf 460 Körperlängen pro Sekunde.

Die Messerschmitt Me 109 R gehört zu den schnellsten Jagdflugzeugen.

Die Triebwerke dieses Senkrechtstarters werden senkrecht geschwenkt. So wird der Düsenstrahl in Richtung Boden geleitet und das Flugzeug startet senkrecht nach oben.

HOCH SPEZIALISIERTE FLIEGER

Libellen sind mit Spitzengeschwindigkeiten von 50 km/h die schnellsten Flieger unter den Insekten.

Hubschrauber können vorwärts und seitwärts fliegen sowie auf der Stelle schweben. Sie können fast überall starten und landen.

In der Luft stehen

Hubschrauber fliegen Rettungseinsätze oder dienen zur Lasten- und Personenbeförderung. Sie können bekanntlich in der Luft stehen und dabei Lasten gezielt abwerfen oder aufnehmen. Mit ihren Drehflügeln erzeugen sie dann nur Auftrieb. Dasselbe gelingt Kolibris, Schwebfliegen und Libellen mit ihren Schlagflügeln. Viele Schwebfliegenarten können mit ihren zwei Flügeln enorm beschleunigen, in der Luft stehen bleiben oder rückwärts fliegen. Auch Libellen sind schnelle und geschickte Flieger. Sie können jeden ihrer Flügel einzeln bewegen.

Gut verstaut

Damit Flugzeuge in enge Hangars oder unter das Deck von Flugzeugträgern passen, werden die Flügel manchmal klappbar konstruiert. Im Tierreich findet man Ähnliches. Maikäfer zum Beispiel falten ihre Flügel zusammen und verstauen sie unter den Flügeldecken.

Lastentransport

Lastenhubschrauber werden eingesetzt, wenn zum Beispiel Baukräne nicht hoch genug sind oder wenn das Gelände unwegsam ist. Speziell ausgelegte Großhubschrauber können Lasten tragen, die bis zu 40 Prozent ihrer Eigenmasse ausmachen. Mehr als das schaffen manche Insekten, die schwere Beute eintragen. So schleppt der Bienenwolf – eine Wespenart – Honigbienen durch die Luft, die etwa so viel wiegen wie er selbst. Die Bienen werden in den Niströhren verstaut und dienen dort als Nahrung für die heranwachsenden Larven. Ähnliches gilt für Sandwespen; die von ihnen angeschleppten Schmetterlingsraupen sind in der Regel sogar deutlich schwerer als der Träger selbst.

Dieser startende Maikäfer streckt gerade seine abgeklappten Flügelenden aus.

Die Flügelenden dieser Hawker Sea Fury sind Platz sparend abgeklappt.

45

VERRINGERTE FALLGESCHWINDIGKEIT

Vom Wind angetrieben

Wenn Pflanzen, Mühlen und Turbinen von der Energie des Windes profitieren wollen, müssen sie ihm möglichst große Angriffsflächen bieten.

Fallschirme

Pflanzen müssen ihre Samen weit verbreiten, um das Fortbestehen ihrer Art zu sichern. Während die einen Tiere zu Hilfe nehmen (siehe Seite 12), bedienen sich die anderen des Windes. Der Löwenzahn zum Beispiel lässt seine Samen vom Wind tragen. Er bildet dazu „Fallschirmchen" aus feinsten Fasern aus, an denen das Nüsschen hängt. Die Fallgeschwindigkeit ist mit nur wenigen Zentimetern pro Sekunde sehr gering. Der Wind kann diesen Fallschirm also ergreifen und weit vertreiben. Wenn man so will, handelt es sich hierbei also weniger um einen Fallschirm als vielmehr um einen „Verbreitungsschirm".

Mit feinen Haaren besetzte Flugfrüchte werden häufig für die Verbreitung eingesetzt.

In spiralförmigem Flug kreisen die Früchte des Ahorns zu Boden.

Die Ahornarten bilden Drehflügelfrüchte aus.

Weise werden Bremskräfte erzeugt, ganz ähnlich wie beim Fallschirm des Löwenzahns. So sinken die Früchte langsamer ab und können von Seitenwinden weiter verfrachtet werden.

Der langsame Fall

Wenn ein Körper zu Boden fällt, bremst ihn der Luftwiderstand ab. Dieser Effekt wird beim Fallschirmspringen genutzt: Ein Fallschirmspringer öffnet spätestens 500 Meter über der Erde seinen Schirm. Die Stoffbahnen entfalten sich und der Luftstrom drückt von unten gegen den Fallschirm. Der Luftwiderstand bremst den freien Fall auf etwa 20 Kilometer pro Stunde ab. Der Aufprall ist mit dem eines Sprungs aus 5 Meter Höhe vergleichbar.

Die Waldrebe besitzt Fallschirmfrüchte.

Drehflügler bremsen ihren Fall

Auch Bäume, die ihre Früchte oder Samen abwärts fallen lassen, sorgen oft dafür, dass diese ganz langsam fallen. Seitenwinde können sie dann weit verwehen.

Die Früchte des Ahorns sind beispielsweise Drehflügler. Sie gleiten nicht in einer Linie zu Boden, sondern rotieren beim Abwärtsfallen und beschreiben damit eine Spirale. Auf diese

Sky-Surfer mit Fallschirm und Snowboard

46

HANDSCHWINGEN UND FLÜGELBLÄTTER

Alte Windmühlen

Alte Windmühlen sind fest auf einen Untergrund aufgemauert und nutzen strömende Luftmassen, also horizontalen Wind. Die Wirkungsgrade dieser alten Windmühlen sind beeindruckend. Bereits einfache Gestelle aus rohen Holzbalken, schräg bespannt mit Segeltüchern, bieten dem Wind eine große Angriffsfläche und entziehen ihm viel Energie. Und wo genügend Wind vorhanden ist – zum Beispiel in Küstengebieten –, kommt es auf die letzte technische Raffinesse sowieso nicht an. Heute nutzen moderne Windkraftanlagen die Windenergie, um Strom zu erzeugen. Diese Art der Stromerzeugung ist besonders umweltfreundlich, da keine Abgase entstehen und der Wind eine unerschöpfliche Energiequelle darstellt.

Vogelflügel und Windkonzentrator

Wer einen kreisenden Weißstorch beobachtet, sieht, dass seine Flügelenden fingerförmig aufgefächert sind. Die sogenannten freien Handschwingen dienen der Nutzung der Aufwinde. Wie Segelflieger lassen sich die Störche ohne Flügelschlag treiben. Dementsprechend wurden „künstliche Handschwingen" in Form von Leitflügeln kreisförmig um eine kleine Windturbine angeordnet. Innerhalb dieser kreisför-

Diese Windmühle nutzt den Wind der Mittelmeerregion.

migen Flügelanordnung dreht sich die kleine Turbine bei Wind schneller als außerhalb. Damit erzielt sie auch mehr Leistung. Die raffinierte Windanlage wirkt also so, als ob der Wind konzentriert worden wäre. Man spricht deshalb auch von einem Windkonzentrator. Im Idealfall kann die kleine Turbine zehnmal mehr Leistung aus dem Wind ziehen als ohne dieses Hilfsmittel.

Die Handschwingen des Weißstorchs sind aufgefingert.

Im Inneren des festen Leitflügelkranzes dreht sich sehr rasch eine kleine Windturbine.

47

MIT DEM WIND
UM DIE WELT

Segel und Vorsegel

Seit Jahrtausenden nutzt die Schifffahrt das Segel. Und auch Tiere gebrauchen den Wind als Kraft für die Fortbewegung.

Mit dem Daumenfittich verbessert die Kohlmeise ihren Flug.

Die Portugiesische Galeere

Segel sind praktische Erfindungen. Man kann den Wind für sich arbeiten lassen und braucht nicht zu rudern. Diese Bequemlichkeit haben nicht erst die Menschen für sich entdeckt. Manche Quallenarten zum Beispiel treiben auf dem Meer dahin und stellen eine segelartige Membran über die Wasseroberfläche hoch. Der Wind verfängt sich darin und verdriftet die Quallen.
Bekannt für diese Energie sparende Technik sind die kleinen Segelquallen sowie die „Portugiesischen Galeeren". Die Vertreter dieser sehr großen Quallenart können ihre Segel hoch in den Wind stellen und dadurch mit beachtlicher Geschwindigkeit durch das Wasser ziehen.

Die Portugiesische Galeere lässt sich von ihrem Segel treiben und fischt mit den Fangfäden das Wasser ab.

Daumenfittich und Segeljachten

In den Zwanzigerjahren des 20. Jahrhunderts untersuchte ein Student den Flug der Vögel. Er stellte dabei fest, dass Vögel die Anströmung des eigentlichen Hauptflügels verbessern, indem sie den sogenannten Daumenfittich abspreizen. Dabei handelt es sich um ein Federbüschel an der Flügelvorderseite, das man auch als „Vorflügel" bezeichnen könnte.

Diese raffinierte Erfindung der Vögel wurde auf die Schifffahrtstechnik übertragen – und das mit sehr großem Erfolg.
Nach dem Prinzip des Daumenfittichs entwickelte man das Vorsegel für Jachten. Dieses wird nicht so sehr dazu benutzt, selbst Vortrieb zu machen. Es verbessert vielmehr die Anströmung des Hauptsegels, sodass dieses besser arbeiten kann und das Schiff dadurch schneller antreibt.
Vorsegel für Jachten sind seither üblich geworden; für andere Segelboote gibt es schon längere Zeit ähnliche Anordnungen.

Der Wind treibt diesen Motorsegler über das Wasser. Bei Flaute muss der Motor die Arbeit des Windes übernehmen.

ANTRIEBS-MÖGLICHKEITEN

Bewegungen erzeugen

Alles dreht sich und bewegt sich –

es rollt oder läuft, schwimmt oder

fliegt, greift, schnappt und schwingt, wohin man

auch schaut. Da gibt es kaum einen Unterschied

in Natur und Technik. Mit einer Ausnahme:

Die Natur baut weder Räder noch Achsen.

Lebewesen verwenden die Schwingung

statt der Rotation.

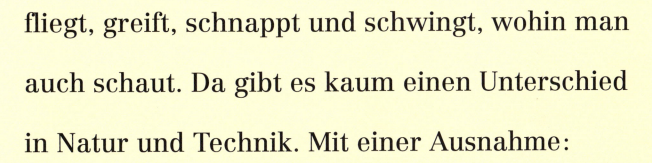

BEWEGUNGEN ERZEUGEN

Bewegliche Gliederketten

In der Tier- und Pflanzenwelt gibt es weder Räder noch Achsen. Zur Bewegung konstruiert die Natur ausgefeilte Gliederketten.

Das Karpfenmaul
Karpfen gründeln ihre Nahrung vom Boden herauf. Dazu schieben sie das Maul tütenartig vorwärts und saugen die Nahrung ein. Dann schließen sie das Maul über eine sogenannte „Visierklappe" und schlucken die Nahrung. Anschließend öffnen sie das Maul wieder, um neue Nahrung aufzunehmen. Der gesamte komplizierte Bewegungsablauf erfolgt über Gliederketten, wie sie im Kasten unten gezeigt werden. Die Glieder des Karpfenmauls bestehen aus Knochen.

Schreibmaschine
Auch in mechanischen Schreibmaschinen findet man Gliederketten. Drückt man eine Taste hinunter, so schnellt der Tastenhebel aufs Papier. Dabei wird eine kurze Hubbewegung in eine weite Schnellbewegung umgewandelt. Auch dafür sorgen kettenförmig verkoppelte Glieder, hier aus Metall. Das Material ist letztlich nicht wichtig, das Prinzip zählt: Es handelt sich um Gliederketten.

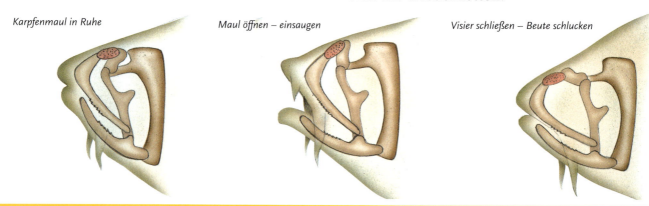

Karpfenmaul in Ruhe *Maul öffnen – einsaugen* *Visier schließen – Beute schlucken*

Drei- und viergliedrige Ketten – stabil und beweglich

Viele Konstruktionen, sei es nun in der Natur oder in der Technik, setzen auf Bewegung. Andere aber müssen fest sein, so zum Beispiel Baukräne und Hochspannungsmasten. Wo aber liegt der Unterschied zwischen fest und beweglich? Ein einfaches Modell aus Papierstreifen macht ihn deutlich.

Für diesen Versuch benötigt man ein Blatt festes Papier, beispielsweise Tonpapier, eine Styroporplatte oder ein Stück Karton als Unterlage, vier Musterklammern und zwei Reißzwecken.

Die links abgebildeten Streifen a, b, c und d werden aus Papier zugeschnitten. Wer möchte, kann die Vorlagen zuvor mit dem Kopiergerät vergrößern und dann ausschneiden.

Die drei Papierstückchen a, c und d werden mithilfe von drei Musterklammern gelenkig miteinander verbunden. Das Dreieck wird auf die Styroporplatte oder den Karton gelegt und Teil d wird mit zwei Reißzwecken festgeheftet. Wer nun versucht, diese Dreieckskonstruktion zu bewegen, merkt gleich, dass das nicht geht. Ein Dreieckverbund ist „statisch stabil". Genau diesen Verbund finden wir in Baukränen und Hochspannungsmasten.

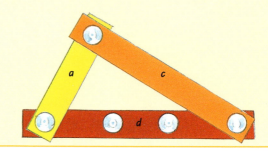

50

BEWEGLICHER GIFTZAHN

Die Klapperschlange und ihr Giftzahn

Die Giftzähne von Kreuzottern, Klapperschlangen und anderen Ottern liegen normalerweise am Gaumendach an und weisen nach hinten. Wenn eine solche Giftschlange aber zustößt, werden die Zähne nach vorne geklappt und wirken nun wie Injektionsspritzen, die sich in die Beute bohren.

Auch hierfür ist wieder eine vielgliedrige Bewegungskette verantwortlich. Sie sitzt im Schädel der Schlange und besteht aus Knochensubstanz. Wenn das Reptil das Maul aufreißt, also den Unterkiefer absenkt, dann kippen vollautomatisch die Giftzähne schräg nach vorne. Sobald die Schlange den Unterkiefer hebt, klappen die Giftzähne wieder zurück und legen sich ans Gaumendach. Die Otter braucht also nicht immer zu überlegen, ob sie ihre Giftzähne beim Zustoßen richtig ausgefahren hat. Das geschieht zwangsläufig und mithilfe der Bewegungskette vollautomatisch. Natürlich kann es auch einmal vorkommen, dass eine Giftschlange gähnen muss. Dann aber macht es keinen Sinn, dass die Giftzähne automatisch ausfahren. Beim Gähnen wird deshalb die Gliederkette über einen Hilfsknochen abgeschaltet. So kann die Schlange das Maul weit aufreißen und die Giftzähne bleiben am Gaumen liegen.

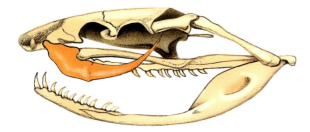

Normalstellung: Der Giftzahn der Schlange ist angelegt.

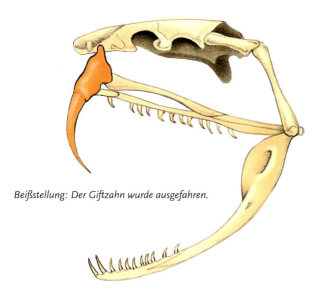

Beißstellung: Der Giftzahn wurde ausgefahren.

Als vierte Strebe wird nun Streifen b mit einer Musterklammer eingebaut. Damit ergibt sich eine viergliedrige Kette a-b-c-d. Diese ist beweglich. Fest und beweglich – der Unterschied kann also in einem Zusatzglied liegen. Dreht man nun Teil a im Kreis, dann bewegt sich das gegenüberliegende Teil c hin und her. So lässt sich eine Rotation in Schwingung umwandeln. Man spricht auch von dem rotierenden Antriebsglied a und dem hin- und herschwingenden Abtriebsglied c dieser Kette.

Der Maschinenbau nutzt das einfache, aber wirkungsvolle Prinzip, bei dem Rotation in Schwingung umgewandelt wird, häufig. Die alten Dampflokomotiven mit ihren Schubgestängen an den Seiten machen sich dasselbe Prinzip zunutze, doch arbeiten sie umgekehrt. Sie verwandeln die hin- und hergehende Bewegung eines Kolbens in die Drehbewegung der Räder.

Schubkurbelgetriebe bei einer Dampflokomotive

VERSTECKTE HEBEL

Hebelmechanik

Dort, wo Bewegungen vorkommen, spielen auch Hebel eine große Rolle. Doch in Technik und Natur sind Hebel oft gut versteckt.

Gleicharmige Waagen

Eine Balkenwaage verdeutlicht das Hebelprinzip sehr gut. Beim Waagebalken handelt es sich um einen Hebel, der in der Mitte gelagert ist. Seine beiden Arme sind also gleich lang. Am linken und rechten Arm hängen Schalen, in die Gewichte und die zu wiegenden Waren gelegt werden können. Ist das Gewicht links größer als das Gewicht rechts, dann senkt sich der linke Arm und umgekehrt.

Wippe

Nach dem Hebelprinzip funktioniert auch eine Wippe, wie sie auf jedem Spielplatz zu finden ist. Der Drehpunkt liegt in der Mitte. Sind die wippenden Kinder gleich schwer und sitzen sie im gleichen Abstand zum Drehpunkt, dann müssen sie sich nur leicht vom Boden abstoßen, um zu wippen. Ist aber eines der Kinder deutlich schwerer oder stehen auf einer Seite der Wippe gar zwei Kinder, dann müssen diese weiter zur Mitte rutschen und so ihre Hebelwirkung verringern. Das andere Kind hat nämlich ansonsten keine Chance gegen sie.

Ungleicharmige Waagen

Es gibt auch ungleich lange Hebel, bei denen der Drehpunkt nicht in der Mitte liegt. Im alten Rom und im Mittelalter verwendete man ungleicharmige Waagen, die einen solchen Hebel

Gleicharmige Waage

nutzten. Manchmal sind solche Waagen noch heute auf orientalischen Märkten zu sehen. Waren aller Art werden auf diese Weise abgewogen. Man kann auf der kurzen Hebelseite Ware anhängen und braucht zum Gleichgewicht auf der langen Hebelseite nur ein kleines Gewicht.

Wie funktioniert das Hebelprinzip?

Hebel sind ein Hilfsmittel zur Kraftübertragung. Ein Hebel kann eine Last umso leichter anheben, je länger der Hebelarm ist, der über einem Drehpunkt auf die Last wirkt. Je länger der Hebel, desto weniger Kraft wird benötigt, um die Last hochzuheben. Dafür ist der Weg, den der Hebelarm zurücklegen muss, um die Last zu heben, länger.

Prinzip Brecheisen
Der Drehpunkt befindet sich zwischen Last und Kraft, möglichst nahe an der Last.

Prinzip Schubkarre
Die Last liegt zwischen Kraft und Drehpunkt, möglichst nahe am Drehpunkt.

Prinzip Hammer
Die Kraft wirkt zwischen Drehpunkt und Last. Die Last ist möglichst weit vom Drehpunkt entfernt.

In der Wippe ist ein Hebel versteckt – wie in der gleicharmigen Waage.

HEBEL FÜR DIE FORTPFLANZUNG

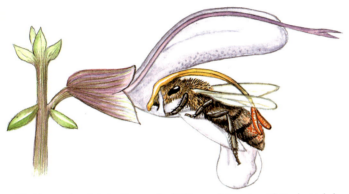

Eine Hummel steuert auf die Salbeiblüte zu. Die Hebelmechanik ist in Ruheposition.

Die Hummel gerät beim Saugen des Nektars auf die untere Platte des Hebels. Der lange Arm klappt nach unten und bepudert die Biene mit Blütenstaub.

Die Hebelmechanik der Salbeiblüte

Die Salbeiblüte sorgt mit einem ungleicharmigen Hebel dafür, dass ihr Blütenstaub sicher auf Bienen und Hummeln landet, die ihn dann an der Narbe einer anderen Blüte abstreifen und so die Blüte bestäuben. Wenn eine Hummel die Blüte des Wiesensalbeis anfliegt und ihren Rüssel ausstreckt, um zum süßen Nektar am Grund der Blüte zu kommen, stößt sie an eine untere Platte. Diese stellt die kürzere Seite eines ungleicharmigen Hebels dar. Bei der Berührung durch die Hummel wird diese Platte nach hinten gedrückt. Dafür bewegt sich auf der längeren Seite des Hebels der Staubbeutel auf großer Bahn nach unten und bepudert den Hinterleib der Hummel mit Blütenstaub. Wenn die Hummel wieder wegfliegt und nicht mehr auf die Platte drückt, schnappt der Mechanismus in die Blüte zurück.

Der Bleistift als Hummelrüssel

Jeder kann den raffinierten Blütenmechanismus des Wiesensalbeis in der Natur beobachten, denn diese Art kommt in unseren Breiten auf Wiesen und an Wegrändern häufig vor. Die bläulich lilafarbenen Blüten des bis zu einem Meter hohen Gewächses erscheinen in den Monaten Mai bis August.
Wer etwas Geduld hat, begibt sich auf Beobachtungsposten und wartet auf anfliegende Hummeln, die den süßen Nektar der Pflanze saugen und dabei den Hebel der Salbeiblüte in Bewegung setzen. Weniger zeitaufwendig und dennoch spannend ist es, wenn man einen Salbeistängel mit der einen Hand festhält und mit einem zugespitzten Bleistift in der anderen Hand „Hummelrüssel" spielt. Dann wird die Hebelmechanik der Pflanze in Betrieb genommen. Bei diesem Versuch sollte man sehr behutsam vorgehen, denn die feinen Teile könnten leicht zerstört werden. Die Platte muss nur ein winzig kleines Stück in die Blüte gedrückt werden, damit der Staubbeutel in hohem Bogen herauskippt. Der feine Blütenstaub wird nun auf dem angespitzten Teil des Bleistifts abgelegt und kann dort in Augenschein genommen werden.
Die hier abgebildete Blüte ist seitlich aufgeschnitten, damit man die Mechanik besser sieht.

Salbeiblüte: Die Hebelmechanik befindet sich in Ruheposition.

Die Bleistiftspitze aktiviert die Hebelmechanik.

53

MIT LUFT- UND WASSERDRUCK

Pneumatik und Hydraulik

Mithilfe von Luft- und Wasserdruck können Teile versteift, aber auch bewegt werden – und zwar ganz schnell oder ganz langsam.

Prallluftschiffe haben kein starres Gerüst. Die Hülle erhält ihre Form durch den Gasdruck im Inneren.

Eine Tüte wird als „pneumatischer Aktor" eingesetzt.

Die aufgeblasene Tüte hebt die Deckplatte.

Mit Luftdruck

In der Technik gibt es ballonartige Konstruktionen wie etwa Autoreifen oder manche Typen von Luftschiffen, die prall aufgeblasen und so verstärkt werden.

Mit Luftdruck kann aber auch Bewegung erzeugt werden. Legt man eine Plastiktüte unter ein Brettchen und bläst die Tüte auf, dann hebt sie das Brett an. Wenn man die Luft herauslässt, wird es wieder abgesenkt. So etwas nennt man ein „pneumatisches Bewegungssystem". Es wird zum Beispiel bei den Druckluftbremsen von Lastwagen verwendet. Die Druckluft kommt von einem Kompressor, der am Motor montiert ist und von ihm betrieben wird. Der Druck im System wird vom Fahrer über Ventile gesteuert.

Druck durch Flüssigkeiten

Häufig verwendet die Technik aber statt Luft Flüssigkeiten, um Bewegungen zu erzeugen. Man spricht dann von einem hydraulischen System. In der Kraftfahrzeug- und der Flugzeugtechnik arbeitet man gern mit Ölhydraulik. Man setzt dabei in einem Zylinder eine Ölmenge unter Druck und kann diese über Röhren mit einem anderen Kolben-Zylinder-System verbinden. Ein Flugzeug kann mithilfe der Ölhydraulik Vorflügel, Lande- und Bremsklappen, aber auch das Fahrwerk ausfahren.

Hydraulik in Maschinen

An Baumaschinen bewegen sich die meisten Teile hydraulisch. Das heißt, das Heben und Senken von Bauteilen geschieht mithilfe von Flüssigkeiten. Diese eignen sich ideal zur Kraftübertragung, weil sie im Gegensatz zu Gasen nicht zusammengedrückt werden können. Die am häufigsten verwendete Hydraulikflüssigkeit ist Öl: Es friert nicht ein und schmiert gleichzeitig die Teile.

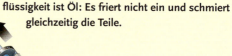

Leichtflüssiges Öl wird durch eine Pumpe in einen Zylinder gedrückt, in dem sich ein Kolben befindet. Der Kolben wird vom Öl herausgeschoben und bewegt damit einen Schwenkarm, der sich um ein Gelenk dreht.

Wird das Öl zurückgepumpt, so schiebt sich der Kolben wieder in den Zylinder hinein. Der Schwenkarm bewegt sich dabei in die entgegengesetzte Richtung.

BEUTEFANG MIT DER WASSERPISTOLE

Hydraulik beim Regenwurm

Das System der hydraulischen Versteifung und Bewegung hat die Natur schon vor sehr, sehr langer Zeit erfunden. Ein Regenwurm zum Beispiel setzt sich aus gekammerten Hüllen zusammen. Die Kammern enthalten eine Leibesflüssigkeit. Wird diese durch Muskelaktivität unter Druck gesetzt, so kann sie eine Bewegung auslösen. Wenn nun hintereinander liegende Kammern unter Druck gesetzt werden, weil sich die um sie angeordneten Muskeln zusammenziehen, dann bewegen sich die Regenwürmer vorwärts. Mittels Druckänderungen schieben sie sich durch Gras und Erde.

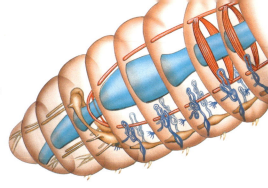

Das gekammerte Vorderende eines Regenwurms

riesengroßen Augen, mit denen die Spinnen ihre Beute anpeilen, bevor sie zum Sprung ansetzen. Die Springspinne hat in ihren Beinen zwar Muskeln, aber damit kann sie diese nur beugen, nicht strecken. Erst wenn Leibesflüssigkeit schnell in die Beine gepumpt wird, strecken sie sich gerade, wie eine längliche Luftballonhülle, die sich beim Aufblasen ja auch entfaltet. Dies geschieht bei der Spinne aber blitzschnell. Der Druck wird in der hinteren Körperregion erzeugt, die durch Muskeln zusammengepresst wird. Er wirkt dann bis in die Beine hinein. Diese strecken sich und ermöglichen der Spinne den rasant schnellen Absprung, mit dem sie ihre Beute überrascht.

Springspinne

So springt die Springspinne

Die helldunkel gestreiften Springspinnen sitzen gern auf Hauswänden und springen Fliegen an. Da sie aktive Jäger sind, brauchen sie keine Netze. Unter der Lupe betrachtet sieht man die

Perfekter Schütze

Der nur zwei bis drei Zentimeter lange Pistolenkrebs lebt an den Küsten des Mittelmeers, wo er sich unter Steinen versteckt. Der kleine Krebs hat einen äußerst raffinierten Trick entwickelt, um Beute zu machen. Unter hohem Druck spritzt er einen feinen Wasserstrahl aus und schießt damit seine Beute bewusstlos. Setzt man einen solchen Krebs in ein Glas Wasser, so kann er es mit der Kraft seines Wasserstrahls zum Zerspringen bringen. Das Prinzip des Pistolenkrebses verwendet auch die Spielzeugtechnik, zum Beispiel in Wasserspritzpistolen.

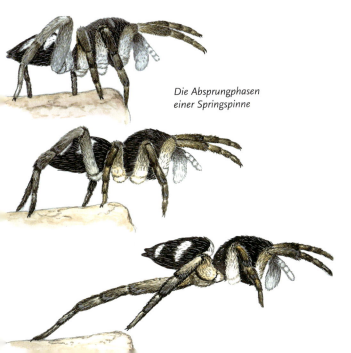

Die Absprungphasen einer Springspinne

55

ALLSEITS BEWEGLICH

Bewegungssystem Arm

Schultergelenk, Oberarm, Ellenbogengelenk, Unterarm, Handgelenk und Hand – mit seinen verschiedenen Abschnitten und Gelenken ist der Arm der beweglichste Teil unseres Körpers.

Menschenarm

Betrachten wir die einzelnen Gelenke unseres Arms etwas näher. Mit dem Schultergelenk können wir den Arm kreisen lassen und in jede Richtung bewegen. Das Schultergelenk ist eine Art Kugelgelenk, wie wir es auch von Stativen kennen, auf die man eine Fotokamera schraubt. Anders das Ellenbogengelenk. Mit seiner Hilfe kann man den Unterarm fast nur in einer Richtung oder „in einer Ebene" bewegen. Dieses Gelenk ist mit einem Scharniergelenk zu vergleichen, wie wir es von Truhen oder Türen kennen. Das Handgelenk wiederum erlaubt, dass wir die Hand auf- und abkippen und ein wenig auch verdrehen. Hier handelt es sich also um ein kombiniertes Gelenk. Es besitzt Merkmale eines Scharniergelenks, aber auch eines Kugelgelenks.

Roboterarme

Roboterarme, aber auch Beine für Laufmaschinen sind meist ganz ähnlich gegliedert wie der Arm des Menschen. Auch sie haben eine Art „Oberarm", einen „Unterarm", ein Handstück und drei Gelenke. Man kann Roboterarme konstruieren, die aus weiteren Gliedern bestehen. Diese aber sind schwer beherrschbar. Gut bewährt hat sich das dreigliedrige System des Menschen.
Wir können unsere Hand nicht unendlich lange in eine Richtung drehen. Der Roboterarm dagegen kann mit einem Rotor ausgestattet werden, der ein Werkstück beliebig weit in eine Richtung dreht. Darin ist er dem menschlichen Arm überlegen.

Antrieb für ein Scharniergelenk

Für ein Scharniergelenk, wie es der Ellenbogen in etwa darstellt, brauchen wir eigentlich nur zwei Muskeln. Der eine beugt den Arm, verringert also den Winkel zwischen Ober- und Unterarm. Das macht unser Bizeps. Der andere arbeitet dagegen und streckt den Arm, vergrößert also den Winkel. Das macht ein Muskel, der auf der anderen Seite des Oberarms liegt und nicht so stark ist wie unser Bizeps. Er heißt Trizeps. Der Trizeps und der Bizeps arbeiten also zusammen. Wenn der eine sich zusammenzieht, wird der andere gedehnt und umgekehrt. Die beiden Muskeln bilden ein zusammengehöriges Paar. Man spricht von „gegenläufigen Muskeln". Bei Kugelgelenken wie dem Schultergelenk oder bei kombinierten Gelenken wie dem Handgelenk reichen zwei Muskelgruppen nicht. Es sind viele Muskelgruppen nötig, die den entsprechenden Körperteil in alle Richtungen bewegen können.

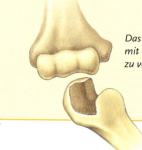

Das Ellenbogengelenk ist mit einem Scharniergelenk zu vergleichen.

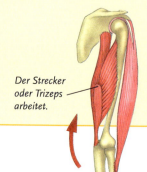

Der Strecker oder Trizeps arbeitet.

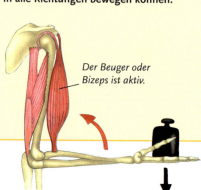

Der Beuger oder Bizeps ist aktiv.

INFORMATIONEN WEITERLEITEN

Orientierung zur Umwelt

Lebewesen müssen sich mit ihrer belebten und unbelebten Umwelt auseinandersetzen. Dafür brauchen sie Sinnesorgane und Nervensysteme, etwa um Feinde zu erkennen. Sie müssen aber auch angreifen und sich verteidigen können. Waffen und Panzer helfen ihnen dabei.

ORIENTIERUNG IM RAUM

Hilfsmittel für Roboter

Ausgefeilte Instrumente sind notwendig, wenn ein Roboter seine Aufgaben zielgenau und mit fließender Bewegung erledigen soll – die Natur steht Pate.

Linsen- und Facettenaugen

Der Mensch ist mit zwei Augen ausgestattet, die ihm ein scharfes und räumliches Sehen ermöglichen. Befindet man sich zum Beispiel in einem Raum, in dem ein Stuhl steht, so ist es problemlos möglich, diesen Stuhl anzupeilen. Deckt man aber ein Auge ab, wird es schwieriger, auf den Stuhl zuzusteuern. Die Bilder, die die beiden Augen aufnehmen, tragen nämlich zu einem räumlichen Gesamteindruck bei. Auch Fliegen müssen sich im Raum orientieren können. Sie besitzen aber keine Linsenaugen. Ihre beiden Augen bestehen aus rund 4000 Einzelaugen oder Facetten, die ganz anders arbeiten als die Augen des Menschen.

Mit ihren Facettenaugen können Schmeißfliegen sehr „schnell" sehen.

Scharf oder schnell

Der Mensch kann mit seinen Linsenaugen sehr scharf sehen, dafür aber nicht sehr „schnell". Das heißt, dass wir in kurzen Abständen hintereinander gezeigte Bilder nicht mehr auseinanderhalten können. Das nutzt die Filmindustrie: Kinofilme bestehen aus vielen Einzelbildern, die in kurzen Abständen gezeigt werden. Schon 24 Bilder pro Sekunde können nicht mehr einzeln ausgemacht werden, sodass wir den Eindruck einer fließenden Bewegung gewinnen. Eine Fliege aber wäre ein ganz schlechter Kinobesucher, denn sie könnte Filmbilder selbst dann noch getrennt sehen, wenn sie 200 Bilder pro Sekunde geboten bekäme! Dafür können Fliegenaugen kein so scharfes Bild erzeugen wie unsere Linsenaugen. Auch die Natur kann also nicht hexen. In unserem Fall kann sie entweder mit den Sinneszellen von Linsenaugen sehr scharfe Bilder mit geringer Zeitauflösung erzeugen oder sie produziert mit Sinnes- und Nervenzellen von Fliegenaugen relativ unscharfe Bilder mit sehr hoher Zeitauflösung.

Augen für Roboter

Damit schnelle Roboter ihren Zweck erfüllen, müssen sie sich in ihrer Umwelt genauso orientieren wie der Mensch oder die Fliege. Sie benötigen also auch Augen, die natürlich kleine Fernsehkameras oder sonstige optische Sensoren sind. Roboter, die fliegenähnliche Augen besitzen, können sich damit sehr viel rascher bewegen als Roboter mit Linsenaugen und können in Kurven um Gegenstände herumturnen. Fliegenaugen sind also als Vorbild für schnelle Roboter besser geeignet.

Fliegenaugen-Roboter

FLIESSENDE BEWEGUNGEN

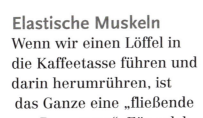

Elastische Muskeln

Wenn wir einen Löffel in die Kaffeetasse führen und darin herumrühren, ist das Ganze eine „fließende Bewegung". Für solch einen reibungslosen Bewegungsablauf sind unter anderem zwei Faktoren ausschlaggebend: Laufend muss nachgerechnet werden, ob die Bewegung noch fließend durchgeführt werden kann oder ob aufgrund eines Störfaktors eine Bewegungsänderung notwendig ist. Dazu bedarf es komplizierter Regelkreise aus Sinneszellen als Sensoren, Nervenzellen als Leitungs- und Verrechnungselementen sowie Muskelzellen als Aktoren. Von Bedeutung für die fließenden Bewegungen ist auch der Bau unserer Muskeln. Sie sind weich und mit elastischen Eigenschaften ausgestattet. Wenn wir zum Beispiel irgendwo anstoßen, macht das weiter nichts aus. Es wird bemerkt und „ausgeregelt". Als Aktoren arbeiten unsere Muskeln zwar nicht so präzise wie die hoch entwickelten technischen Aktoren, doch können sie sich umgehend anpassen und die Bewegung ändern, wenn ein Störfall auftritt.

Das Umrühren des Kaffees ist ein äußerst komplexer, fein geregelter Vorgang.

Zwangsgesteuerte Roboter

Industrieroboter bewegen sich meist ruckartig und so schnell, dass man ihnen kaum folgen kann. Dann wieder bleiben sie plötzlich stehen. Ihr Bewegungsablauf sieht daher nicht sehr elegant aus. Roboter sind im Wesentlichen „zwangspositioniert". Sie führen die einmal programmierten Bewegungen bis zum Ende des Programms durch. Wenn sie dabei versehentlich irgendwo anstoßen, können sie nicht auf ein anderes Programm umschalten und ihre Bewegung dem Störfall entsprechend verändern. Nicht selten gehen deshalb Gegenstände oder der Roboter selbst kaputt.

Elastische Elemente für Roboter

Die Techniker haben versucht, Roboterarme mit elastischen Elementen zu versehen, wie sie auch von Muskeln her bekannt sind. Man erzeugt damit fließende Bewegungen, muss nun allerdings mehr berechnen, um die genaue Positionierung zu bekommen.

Roboterarme werden von computergesteuerten Motoren bewegt. Sie können mit ihren drehbaren Greifern Werkzeuge halten und bedienen.

PERFEKT REFLEKTIERT

Optiken und Lichtleiter

Unser Auge ist bekanntlich ein Linsenauge: Die Linse entwirft das Bild auf der Netzhaut. Die meisten Kameraobjektive arbeiten nach dem gleichen Prinzip. Es gibt aber auch andere Systeme.

Linsen- und Spiegeloptik

In Objektiven für Kameras und Mikroskope sind stets mehrere Linsen zusammengebaut, um bestimmte optische Fehler zu vermeiden. Es gibt aber auch Spiegeloptiken für Fotoapparate. Man stattet damit meist Teleobjektive aus, die ferne Gegenstände nahe heranholen sollen. Solche Optiken haben große Brennweiten. Im Gegensatz zu den vielen Linsen in einem Kameraobjektiv braucht man hierfür nur einen einzigen Spiegel, weil dessen Bildfehler nicht so groß sind. Aus Gründen der Bautechnik kommt dazu aber zusätzlich ein Hilfsspiegel.

Extrem lichtstarke Linsenoptik

lichtstark, auf der anderen Seite kann es einen außerordentlich großen Bereich übersehen, und zwar ganz scharf: Damit handelt es sich um ein scharfes Weitwinkelauge.

Lichtstarke Weitwinkelkameras

Astronomen haben das Prinzip des Krebsauges genau studiert und danach eine Weitwinkelkamera gebaut, die auf „Röntgenlicht" gerichtet werden kann. Röntgenstrahlen werden von manchen Sternen, beispielsweise den sogenannten Quasaren, abgestrahlt. Die Astronomen interessieren sich stark für solche Aufnahmen, weil sie daraus lernen können, wie das Weltall aufgebaut ist. Sie brauchen also Kameras, die einerseits scharf zeichnen, andererseits äußerst lichtstark – oder in diesem Fall „röntgenstark" – sind. Beides ist erreichbar mit Röntgenspiegeloptiken, die nach dem Prinzip des Krebsauges gebaut werden.

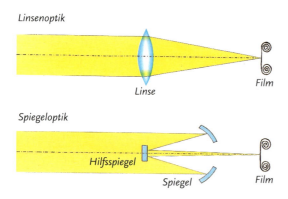

Spiegeloptik in der Natur

Linsenaugen gibt es beim Menschen und bei sehr vielen Tieren. Spiegeloptiken hingegen sind seltener, aber es gibt sie doch – und zwar bei Krebsen. Krebse brauchen lichtstarke Weitwinkelaugen. Im zusammengesetzten Krebsauge bilden die Einzelaugen lauter viereckige „Facetten". Die Lichtstrahlen werden von Spiegelschichten zwischen den Einzelaugen zweimal reflektiert und gelangen dann erst auf die Sinneszellen. Mit diesem Trick schlägt das Krebsauge sozusagen zwei Fliegen mit einer Klappe. Es ist auf der einen Seite ungemein

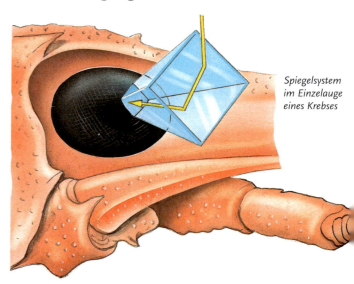

Spiegelsystem im Einzelauge eines Krebses

EXAKTE LICHTLEITUNG

Diese Aufnahme zeigt den Kopf einer Großlibelle mit ihren Riesenaugen.

Facettenaugen

Im Insektenauge sitzen viele kleine Facetten nebeneinander. Im Unterschied zu den viereckigen Facetten der Krebse mit ihren Spiegeloptiken sind die Linsenoptiken der Insekten sechseckig. Wenn man ein Fliegenauge oder ein Bienenauge mit einer starken Lupe betrachtet, so kann man diese sehen. Eine große Libelle hat bis zu 20 000 solcher sechseckigen Einzelaugen auf einem einzigen Auge vereint! Das Auge verläuft sogar ein Stück nach hinten, um den Kopf herum. Die Libelle kann damit gleichzeitig nach vorne, zur Seite und ein wenig auch nach hinten schauen!

Die einzelnen Facetten des Insektenauges sind sehr lang gestreckt und leiten das Licht nach dem Prinzip der Glasfaserleiter (siehe Kasten). Man erkennt das an einem Schnitt durch das Auge. Das Licht kann nicht entweichen. Erst am Ende der „Lichtleitungsfasern" trifft es auf die Sinneszellen. Das Facettenauge verwendet also ein vollkommen anderes Prinzip als das Linsenauge des Menschen.

Dieses Beleuchtungsgerät mit Licht leitenden Glasfasern eignet sich zum Ausleuchten kleiner Gegenstände.

Schwanenhälse

Die Technik ahmt das Prinzip der Facettenaugen mit den sogenannten Schwanenhälsen nach. Von einem Kästchen mit einer sehr hellen Lampe geht ein biegsamer Schlauch ab, in dem sich viele feine Glasfasern befinden. Diese leiten das Licht auch um Ecken herum bis in die kleinsten dunklen Winkel. So kann man beispielsweise schwer zugängliche Hohlräume ausleuchten, mit Endoskopen auch den Darm.

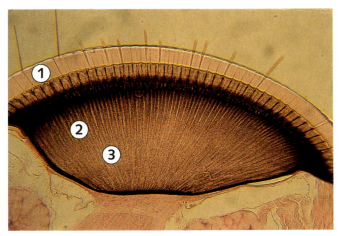

Schnitt durch das Facettenauge einer Honigbiene: sechseckige Facetten der Hornhaut (1), Licht leitende Elemente (2), Sinneszellen (3)

Das Prinzip des Lichtleiters

Wenn man vor ein Taschenlampenbirnchen einen Glasstab hält, geht das Licht durch diesen durch und kommt erst am anderen Ende wieder heraus: das Prinzip des Lichtleiters. Wenn man einen solchen Glasstab biegt, folgt das Licht der Krümmung und strahlt sozusagen um die Ecke. Im Glasstab eingefangen kann es nicht mehr heraus, erst am anderen Ende gelingt das. Nach diesem Prinzip sind viele Insektenaugen gebaut.

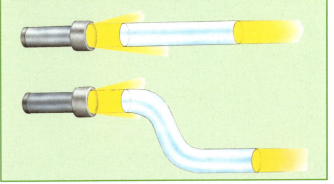

61

ENORM EMPFINDLICH

Sinnesorgane

Die Sinnesorgane von Mensch und Tier sind unvorstellbar empfindlich. Hoch sensible Sinnesleistungen haben ihr Gegenstück auch in der Technik.

Umweltreize

Es gibt praktisch keinen Umweltreiz, den Lebewesen nicht wahrnehmen können. Egal, ob es sich dabei um Licht und Farbe, Schall und Luftströmung, Druck, Zug, Geschmacks- und Geruchsstoffe oder viele andere mehr handelt. Auch technische Sensoren können inzwischen viele Reizqualitäten aufnehmen, die auch die Sinnesorgane von Tier und Mensch erregen. Unerreicht aber ist bisher noch die große Empfindlichkeit der biologischen Sensoren.

Greifvögel können mit ihren scharfen Augen Beute oft aus mehreren Kilometern Entfernung erkennen.

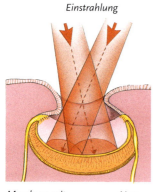

Wärmesensor der Klapperschlange
Einstrahlung
Membran mit Nervenendigung — Nerv

Wärme orten

Die Klapperschlange ortet mit ihren „Wärmeaugen" warmblütige Mäuse noch aus 1,5 Meter Entfernung. Die wärmeempfindlichen Sinneszellen sitzen auf einer nur 15 Tausendstelmillimeter dicken Membran. Durch ein Luftpolster, das die Wärme schlecht ableitet, sind sie gegen den Augenhintergrund „wärmeisoliert". Die schwache Wärmestrahlung der Maus erregt die hoch empfindlichen Sinneszellen. Hier findet also eine direkte Wärmemessung statt. Ähnlich, nur viel präziser arbeiten die Thermokameras der Technik, mit denen man beispielsweise den Wärmeverlust einer Hauswand abtasten kann.

Der Kiefernprachtkäfer fliegt gezielt Waldbrände an, um in den angekohlten Bäumen nach dem Abkühlen seine Eier abzulegen. Sein Wärme-Sinnesorgan sieht aus wie eine Miniaturapfelsine. Es hat, wie auch der Klapperschlangen-Sensor, ein Loch, durch das die Wärmestrahlen eindringen wie die Lichtstrahlen in eine Lochkamera. Aber hier läuft ein Erregungsvorgang ab. Was warm wird, dehnt sich bekanntlich aus, und so auch dieses Sinnesorgan. Diese Ausdehnung wird mit dehnungssensiblen Sinneszellen gemessen. Es handelt sich also um eine indirekte Wärmemessung.

Einstrahlung
Wärmemesser des Kiefernprachtkäfers

Sehen

Greifvogelaugen sehen schärfer als unsere Augen. Die Augen beispielsweise eines Adlers sind im Prinzip ähnlich aufgebaut wie unsere eigenen Augen. Auch der Adler besitzt Linsenaugen und eine Netzhaut mit Lichtsinneszellen. Nur ist die Brennweite in Bezug auf den Linsendurchmesser beim Adler größer als beim Menschen. Der Adler hat sozusagen ein Teleobjektiv eingebaut. Ähnliches gilt für Geier. Außerdem besitzt die Linse bessere optische Eigenschaften, und auch die Sinneszellen in der Netzhautgrube des Adlers sind deutlich dichter gesät und lösen das Bild deshalb feiner auf. So ausgestattet kann ein Adler, der in 1000 Meter Höhe kreist, ohne weiteres ein junges Murmeltier sehen.

ALLE MÖGLICHKEITEN AUSREIZEN

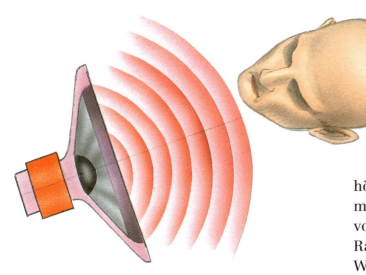

Der Kopf wurde ganz leicht zur Seite gedreht. Bereits bei dieser minimalen Abweichung kann das Ohr ausmachen, dass die Schallquelle leicht seitlich liegt.

Hören

Unsere beiden Ohren liegen knapp 20 Zentimeter auseinander. Mithilfe der Ohren können wir erkennen, aus welcher Richtung ein Geräusch kommt. Wenn wir eine Schallquelle erkennen, drehen wir den Kopf, bis der Schall zum linken und zum rechten Ohr gleich lange braucht. Dann haben wir den Eindruck, dass die Schallquelle genau vor uns ist.

Wenn wir nun den Kopf noch ein kleines Stückchen weiterdrehen, bis wir meinen, dass die Schallquelle leicht seitlich liegt, ist ein Ohr etwa 3,3 Zentimeter näher an der Schallquelle als das andere. Die Schallgeschwindigkeit beträgt in der Luft rund 330 Meter pro Sekunde. Für 3,3 Zentimeter braucht der Schall daher nur eine Zehntausendstelsekunde.

Wie lange ist eine Zehntausendstelsekunde?

Wer kann sich eine Zehntausendstelsekunde vorstellen? Eine Sekunde ist gut vorstellbar. Sie dauert etwa so lang wie unser Herzschlag. Eine Zehntelsekunde können wir uns immer noch vorstellen. Sie entspricht einer langen Kameraverschlusszeit. Einmal in die Hände klatschen, das dauert eine Hundertstelsekunde. Eine Tausendstelsekunde schafft ein sehr schneller Kameraverschluss, aber wir können sie uns nicht mehr vorstellen, und eine Zehntausendstelsekunde erst recht nicht. Unser Ohr aber arbeitet mit Zeiten im Bereich von Zehntausendstelsekunden und noch weniger, also mit so geringen Zeitdifferenzen, wie sie für uns gar nicht mehr vorstellbar sind.

Entwicklungsgrenzen

Unser Ohr ist gut tausendmal empfindlicher als ein in professionellen Aufnahmestudios verwendetes Mikrofon! Die Empfindlichkeit geht an die Grenze dessen, was überhaupt sinnvoll ist. Wäre unser Ohr nochmals ungefähr zehnmal empfindlicher, dann würden wir schon hören, wie die Luftmoleküle auf unser Trommelfell aufprasseln. Das aber wäre nicht sinnvoll, denn wir würden dann nur ein störendes Rauschen hören.

Wir können daher sagen: Die Natur hat das Ohr so empfindlich konstruiert, wie es physikalisch überhaupt sinnvoll ist. Die Evolution ist also an eine Entwicklungsgrenze gekommen. Die Technik kommt dieser mit hoch empfindlichen Spezialmikrofonen aber auch schon nahe. Sinnesorgane, die ein Höchstmaß an Empfindlichkeit und damit auch ihre Entwicklungsgrenze erreicht haben, kommen häufig vor.

Mit seinen Antennen fängt das Große Wiener Nachtpfauenauge Duftstoffe auf.

Das Seidenspinner-Männchen riecht den Duft eines Weibchens auf viele Kilometer gegen den Wind. Es muss dazu nur ganz wenige Duftstoffmoleküle mit seinen weit gefächerten Antennen auffangen. Weniger als ein Molekül Duftstoff gibt es nicht.

„Künstliche Nasen", etwa für die Chemoindustrie, gibt es bereits. Sie sind allerdings trotz technischer Perfektion 1000-mal unempfindlicher als Duftempfänger der Natur.

ZIELGENAU INJIZIEREN

Injektionsspritzen

Nicht die Technik baut die wirkungsvollsten und feinsten Injektionsspritzen sowie die kleinsten und schnellsten Geschosse, sondern die Natur.

Wespenstachel

Ein Bienen- oder Wespenstachel ist höchstens drei Millimeter lang und seine Spitze ist kaum $1/100$ Millimeter dick. Droht der Wespe Gefahr, setzt sie ihn zur Verteidigung ein. Mit Leichtigkeit kann der Stachel die Haut des Menschen durchdringen und wird so zu einem winzig kleinen Dolch. Gleichzeitig ist er, wie fast jeder aus leidvoller Erfahrung weiß, auch eine Injektionsspritze. Was dem Gestochenen wehtut, ist nicht der Stich des Minidolchs selbst, denn den merkt man praktisch nicht. Den brennenden Schmerz erzeugt vielmehr das durch die Injektionsspritze eingespritzte Gift.

Injektionsnadel

Vergleicht man unter einem starken Vergrößerungssystem die feinsten Injektionsnadeln, die die Medizin kennt, mit einem Wespen- oder Bienenstachel, dann wird man über die Grobschlächtigkeit des technischen Werkzeugs erstaunt sein.
Leider hat es die Technik noch nicht geschafft, dem Stachel vergleichbare „Minikanülen" zu entwickeln, die weder biegen noch brechen. Gelänge es, eine derart feine Injektionsspritze zu konstruieren, wären zum Beispiel Impfungen nahezu schmerzfrei. Viele Menschen würden die Angst vor der Spritze schnell verlieren. Die Natur zeigt, dass es möglich ist, so kleine und dabei doch stabile Gebilde zu produzieren. Nun sind die Medizintechniker gefordert, Entsprechendes zu entwickeln. Der Stachel der Wespen und Bienen kann ihnen dabei als Vorbild dienen, doch das Material, aus dem die Injektionsspritze bestehen wird, muss natürlich ein technischer Werkstoff sein.

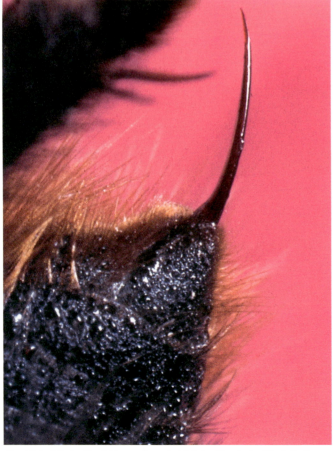

Der Hinterleib der Honigbiene entpuppt sich beim Einsatz des Stachels als wirksames Verteidigungsmittel.

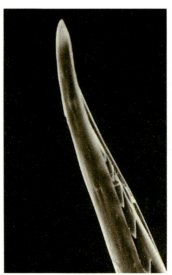

Der Bienenstachel besitzt einen Endstück-Durchmesser von 0,01 mm.

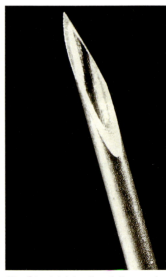

Eine feine Injektionskanüle hat rund 0,50 mm Durchmesser.

DURCHSCHLAGENDER ERFOLG

Geschosse

Kriegstechniker wissen es schon seit Jahrhunderten: Wenn man eine Panzerplatte durchbrechen will, braucht man entweder eine große Masse oder eine hohe Geschwindigkeit. Am besten ist natürlich beides. Eine schwere Kanonenkugel, wie sie Ende des Mittelalters zum Einsatz kam, konnte auch den meterdicken Steinmauern eines Wehrturms erheblichen Schaden zufügen. Sie wurde nämlich durch eine kräftige Pulverladung auf hohe Geschwindigkeit beschleunigt und traf mit immenser Wucht auf die Mauern.

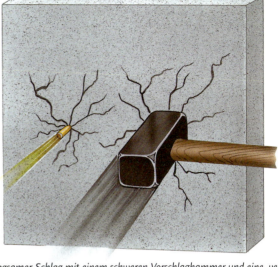

Ein langsamer Schlag mit einem schweren Vorschlaghammer und eine vergleichsweise leichte, mit sehr hoher Geschwindigkeit aufprallende Pistolenkugel können die gleiche Wucht haben.

Nesselkapseln

In der Biologie gibt es einen Fall, der auf extrem hohe Geschwindigkeit setzt, dabei allerdings mit kleinsten Massen arbeitet. Es handelt sich hierbei um die winzig kleinen Süßwasserpolypen, die in unseren Teichen und Moortümpeln verbreitet sind. Sie werden nur wenige Millimeter lang. In ihren Armen sitzen die sogenannten Nesselkapseln. Wollen die Polypen ihre Beute – zum Beispiel Wasserflöhe – betäuben und einfangen, dann schießen sie diese Kapseln ab. Die pfeilschnellen Geschosse dringen mit zusammengeklappten Haken in den Körper der Beute ein und dann klappen die Haken auseinander. Blitzartig wird nun ein Giftfaden ausgestülpt, der die Beute betäubt.

Mit einer Fußscheibe sitzen Süßwasserpolypen an Wasserpflanzen.

Miniaturkanonen

Die Kapseln der Süßwasserpolypen schießen unglaublich schnell durchs Wasser. Man hat Geschwindigkeiten von rund 30 Meter pro Sekunde gemessen; das entspricht ungefähr 100 Kilometer pro Stunde. Für diese winzigen Nesseltiere ist das ein außerordentlich hohes Tempo.

Die Miniaturkanonen explodieren mit so großer Wucht, dass sie ihr widerhakenbesetztes Geschoss in der unvorstellbar kurzen Zeit von $1/4000$ Sekunde aus der Ruhe auf die Endgeschwindigkeit bringen. Das ist aber auch nötig, denn die Masse der Nesselkapseln ist winzig klein. Die Polypen müssen also auf Geschwindigkeit setzen, wenn sie zum Beispiel den gar nicht so zarten Schutzpanzer eines Wasserflohs durchschlagen wollen.

Zeitlupenaufnahmen der Nesselkapselentladung: Die zusammengelegten Haken der Nesselkapsel klappen auseinander, dann wird der Giftfaden ausgestülpt. Zwischen den einzelnen Bildern liegen jeweils nur $1/20000$ Sekunde.

    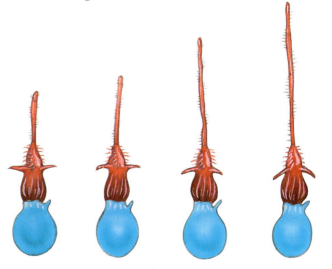

MASSIVE SCHUTZMÄNTEL

Schützende Schalen

Viele Tierarten werden von einem widerstandsfähigen Panzer geschützt; bei manchen bildet er sogar einen Teil des Skeletts. Auch der Mensch ist auf den Panzertrick gekommen.

Kalkpanzer eines Seeigels

Hart gepanzert

Schalen sind im Tierreich meist verhärtet und verhindern damit, dass Krallen, Klauen und Schnäbel in den Tierkörper eindringen und ihn verletzen können. Oft sind diese Schalenpanzer aus Einzelteilen zusammengesetzt, zum Beispiel aus Knochenpanzerplatten, die zusätzlich mit einer harten und glatten Substanz überzogen sind. Der Panzer der Schildkröten ist auf diese Weise aufgebaut. Manche Schalen, wie die der Seeigel, setzen sich nur aus Kalksubstanz zusammen. Krebstiere hingegen schützen sich mit einem stabilen Gehäuse, das aus Kalk und organischem Material besteht. Solche Schalen sind relativ hart.
Im Insektenreich wiederum werden die Panzerschalen aus Chitin gebaut, einem sehr interessanten Baumaterial (siehe Seite 85).

Teil eines Panzergürteltiers

Bei Gefahr zieht sich die Schildkröte in ihren kräftigen Panzer zurück.

Die Ritterrüstung

Eine ausgeprägte funktionelle Ähnlichkeit in Natur und Technik kann man bei den Schalenpanzern der Tiere und den Ritterrüstungen des Mittelalters feststellen. Die Ritter schützten sich in Kämpfen mit einer Rüstung, die aus vielen einzelnen, meist schön geschmiedeten Panzerplatten zusammengesetzt war. Diese Platten waren aber nicht fest miteinander verbunden, sondern so verkettet, dass sie sich gegeneinander bewegen konnten. So gab es Bein- und Armschienen, die alle Bewegungen mitmachten.

Die Schale knacken

Muscheln haben dicke Schalenpanzer entwickelt, die die meisten Gefahren einfach abprallen lassen. Auch eine große Muschel kommt aber nicht gegen den Eisseestern an. Er umgreift sie mit seinen vielen Saugfüßchen und zieht die Schalen auseinander. Dann fährt der Seestern seinen langen, dünnen Magen aus. Er kann durch den winzigen Spalt eindringen und beginnt die Muschel zu verdauen.

BLÜTEN STATT DOSEN

Verpacken und Reinigen

Mit möglichst wenig Abfall verpackt die Natur ihr wertvolles Gut, und auch bei der Reinhaltung und dem Schutz ihrer Materialien baut sie auf geringsten Aufwand bei größter Wirkung. Der Mensch aber verschleudert Verpackungsmaterial und sorgt dafür, dass die Müllberge anwachsen. Es ist Zeit für die Verpackungswirtschaft, die Natur als Vorbild zu nehmen.

PLATZSPARENDE ANORDNUNG

Ideale Raumausnutzung

Pflanzen verpacken ihr wertvollstes Gut, die Samen, auf kleinstem Raum. Das kostbare Material ist aber trotzdem gut geschützt.

Die Früchte der Schwertlilie klappen in drei Fächer auf.

Samen, auf engstem Raum verstaut

Mit Verpackungen bringt die Natur wahre Raumwunder zustande. Man betrachte nur einmal die Fläche einer Sonnenblume, auf der die Körner in einzelnen, sich durchschneidenden Spiralen angeordnet sind. Selbst die winzigen

Die Einzelblüten des Gänseblümchens sind spiralförmig angeordnet.

Verpackungswunder Schwertlilie

Selbst die Art und Weise, wie abgeplattete Samen in einer Samenkapsel aneinanderliegen, ist auf Raumeinsparung ausgerichtet. Jede Schote mit Erbsen macht uns das vor. Besonders auffallend sind die Früchte der Schwertlilien. Sie platzen dreiklappig auf. In jedem der drei Fächer liegen zwei Reihen abgeplatteter Samen eng gepackt aneinander, wie die Münzen in einer Geldrolle.

Einzelblüten eines Gänseblümchens sind in dieser Form aneinandergesetzt. Samen lassen sich auf einer Kreisfläche nicht besser unterbringen als durch die Spiralanordnung, wie bei der Sonnenblume und beim Gänseblümchen. Das haben Computersimulationen bewiesen. Weicht man nur ein bisschen von der typischen Anordnung ab, dann bekommt man nicht mehr so viele Körner auf der Kreisfläche unter.

Computersimulation mit biologischen Randbedingungen: Es ergeben sich die Sonnenblumen-Spiralen.

Computersimulation mit Randbedingungen, die von den biologischen abweichen: Die Anordnung ist nicht ideal.

Dicht an dicht liegen die Samen der Gelben Schwertlilie in ihrer Verpackung.

ERSTAUNLICHE VERPACKUNGSTRICKS

Die Spritzgurke verstaut ihre zahlreichen Samen in einer Hochdruck-Verpackung. Platzt diese auf, springen die Samen heraus.

Die Datura legt ihre großen Trichterblüten säuberlich zusammengerollt an.

Die Weberkarde verpackt ihre Samen in einem räumlichen Kastensystem.

Diese Spaltfrucht lässt die gegenseitige Samenabplattung erkennen.

Biologische Verpackungstricks

Die Natur hat eine ganze Reihe Tricks auf Lager, wie man Samen, aber auch Einzelblüten in einem Verband platzsparend verpacken kann. Sie unterstützt damit die Fortpflanzung. Je mehr Samen untergebracht werden, desto höher ist die Wahrscheinlichkeit der Verbreitung und der Erhaltung der Art.

Die Milchtüte – eine Idealverpackung?

Die Verpackungsindustrie hat oft versucht, solche Verpackungswunder, wie sie die Natur vollbringt, nachzuahmen. Ein Ergebnis ihrer Bemühungen waren die Fruchtsaft- oder Milchtüten in Form eines Tetraeders, also eines Körpers, der aus vier gleichseitigen Dreiecken zusammengesetzt ist.

Die Grundidee war gut, denn solche Tüten lassen sich spaltfrei, das heißt ohne jede Raumverschwendung, stapeln. Sie ahmen damit das Prinzip vieler Pflanzensamen nach. Trotzdem hat sich dieses System nicht bewährt. Es benötigt nämlich einen sechseckigen Container als „Umverpackung". Die Verpackungstechnik arbeitet heute aber immer mit quadratischen oder rechteckigen Grundrissen, also mit viereckigen Kisten. Wenn man darin ein Sechseck unterbringen will, gibt es an den Kanten erheblich „Luft", das heißt nutzlose Winkel. Raumverschwendung bedeutet aber stets auch Geldverschwendung. Packt man zum Beispiel einen Laster voll mit diesen Kisten, verursacht die schlechte Raumausnutzung Unkosten, die bei anderen Systemen nicht anfallen.

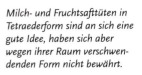

Milch- und Fruchtsafttüten in Tetraederform sind an sich eine gute Idee, haben sich aber wegen ihrer Raum verschwendenden Form nicht bewährt.

DEN KUNDEN LOCKEN

Verpackung und Werbung

Werbung gibt es nicht in der Natur? Weit gefehlt. Die Natur ist voll davon. Werbeträger sind immer die „biologischen Verpackungen".

Verpackung als Lockmittel

Um Abnehmer für ihre Produkte – die Samen – zu gewinnen, verwendet die Natur häufig ihre Verpackungen. Viele Sträucher bilden Beeren aus, in denen die Samen liegen. Damit diese keimen können, müssen sie von Vögeln gefressen werden. Es ist also wichtig, dass die Vögel auf die Beeren aufmerksam werden. Sie sind deshalb häufig verlockend kräftig gefärbt und ziehen so die Vögel an.

Ganz ähnlich wie die Natur verfährt die Industrie mit ihrem Verpackungsmaterial. Es macht den Käufer auf die Ware aufmerksam. Die meisten Kunden greifen schneller nach einer schön gestalteten Pralinenschachtel als nach Pralinen, die in unattraktiven Kisten im Regal liegen. Werbung sorgt also in der Natur ebenso wie in der Wirtschaft „für die Verbreitung" einer Ware.

Gefärbte Hochblätter

Manche Pflanzen, wie die Papierblume, bilden nur unscheinbare Blüten. Diese aber sind von tief gefärbten Hochblättern umstellt, die Insekten zur Befruchtung anlocken.

Die großen Blütenblätter der Zistrosen wirken noch einige Zeit nach dem Entfalten wie zerknittert. Ein Pinselkäfer wurde angelockt.

Große Werbeflächen: Blütenblätter

Je größer die Fläche ist, desto stärker fällt sie auf. Viele Pflanzen bilden sehr große Blütenblätter aus, um Insekten auf sich aufmerksam zu machen. Die großzügigen Anlagen sind aber nicht nur wirkungsvolle Blickfänger, sondern bieten den Insekten auch gute Landeplätze.

Rot gefärbte Samen wirken auf Vögel unwiderstehlich.

Rot macht aufmerksam

Rotfärbung ist ein gutes Mittel, um Aufmerksamkeit zu erregen. Für den Menschen gilt dies sicher: Verkehrsschilder benutzen nicht umsonst häufig die Farbe Rot, mit der sie auf Gefahren aufmerksam machen. Aber auch für Vögel ist das Rot sehr auffallend. Beeren und Samen, die von Vögeln verbreitet werden sollen, sind häufig rot gefärbt.

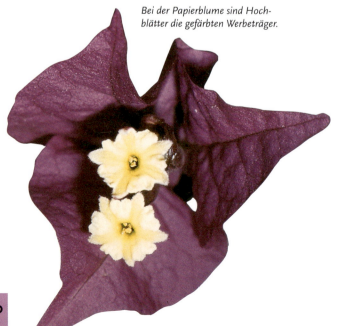

Bei der Papierblume sind Hochblätter die gefärbten Werbeträger.

GESCHICKTE WERBESTRATEGIEN

Mit Oberflächenglanz macht die Tollkirsche auf sich aufmerksam.

Glänzende Früchte
Der Glanz einer fein polierten oder naturglänzenden Oberfläche ist ein weiteres Merkmal, das auf Menschen, Säugetiere sowie Vögel außerordentlich anziehend wirkt. Die Schmuckindustrie baut ebenfalls auf diesem Effekt auf.

Anlockende Düfte
Nicht nur Farben und Formen, sondern auch Gerüche wirken „anlockend". Das weiß die Parfümindustrie ganz genau. Wir Menschen empfinden den Aasgeruch des Aronstabs als abstoßend. Für den Gestank ist der Riechkolben zuständig, den man als braunes Gebilde oben in der aufgeschnittenen Blüte sieht. Kleine Fliegen werden durch diesen Geruch geradezu magisch angezogen. Mit einigen Tricks behält sie der Aronstab eine Zeit lang in seinem Kessel, sodass sie die Blüten bestäuben können.

Auffallende Blütenmale
Sobald sie einmal angeflogen sind, werden Insekten von Blütenmalen zu Nektarquelle und Staubbeutel geleitet, ganz so wie der noch unentschlossene Käufer durch einen geschickt dekorierten Kaufhauseingang.

Diese Orchideenblüte reflektiert UV-Strahlen.

Bienen sehen Ultraviolettlicht, das wir nicht wahrnehmen können. Dementsprechend reflektieren Blütenmale das UV-Licht besonders gut und ziehen so Insekten an.

Mehrfachstrategien
Damit die Verpackungen der Produkte auffallen, werden immer mehrere Tricks eingesetzt. Die abgebildete Dose mit Katzennahrung erregt besondere Aufmerksamkeit durch die Kontrastfarben Rot und Blau. Das „kindliche" Katzenporträt spricht den Menschen unmittelbar an. Der groß ausgeschriebene Name „Felix" ist beliebt als Katzenname. Die Werbung erzielt damit einen Wiedererkennungseffekt. Der genoppte Goldrand wirkt wertvoll und gibt dem Käufer das Gefühl, seiner Katze „etwas Gutes" zu gönnen. Bei manchen Produkten kommt noch ein „kaufanregender" Duft hinzu, der dem Käufer aber gar nicht auffällt. Was „neu" ist, wird fast immer auch als gut empfunden. Erst danach kommt die Information zum Tragen, dass es sich hier um Rind und Wild handelt.

Aufgeschnittene Blüte eines Aronstabes: Die Fliegen werden durch den – für den Menschen – unangenehmen Aasgeruch angelockt.

NOPPEN FÜR DIE REINIGUNG

Selbstreinigende Flächen

Mit einfachen, aber wirksamen Tricks schaffen es Pflanzen und Tiere, sich selbst zu reinigen. Die Technik nutzt diese Erfindungen der Natur.

Der Lotus-Effekt

Die Indische Lotusblume wächst in schlammigen Gewässern. Trotzdem wirkt sie makellos rein. Schmutz, der auf die Blätter der Lotusblume gelangt, bleibt nicht haften. Schon eine kleine Wassermenge reicht aus, damit der Schmutz wieder abfließt. Man nennt diesen Vorgang „Selbstreinigung" und spricht vom „Lotus-Effekt".

Wie hält sich die Lotusblume sauber? Betrachtet man ein Lotusblatt unter dem Mikroskop, werden auf seiner Oberfläche winzig kleine Noppen erkennbar. Mindestens 20 befinden sich auf etwa einem Millimeter. Sie bestehen aus Pflanzenwachs, das vom Blatt abgeschieden wird. Die Noppen verhindern, dass Schmutzpartikel und Wasser mit der eigentlichen Blattoberfläche in Berührung kommen. Sie können sich nicht auf dem ganzen Blatt ablagern, sondern verunreinigen nur die Noppen. Fällt ein Wassertropfen auf das Blatt, so rollt er von Noppe zu Noppe und reißt dabei die Schmutzpartikel mit. So wird das Blatt gereinigt. Sogar Klebstoff blieb bei Versuchen nicht auf Lotusblättern haften.

Aufgrund ihrer selbstreinigenden Eigenschaften gilt die Lotusblume im Buddhismus als Symbol der Reinheit.

Schmutzabweisende Oberflächen

Der Entdecker des Lotuseffekts, Professor Wilhelm Barthlott, suchte nach Möglichkeiten, diese Form der natürlichen Selbstreinigung auf technische Oberflächen zu übertragen. So versah er die Oberfläche eines Kunststofflöffels nach dem Vorbild des Lotusblattes mit Mikrostrukturen. Honig bleibt an diesem Löffel nicht hängen, sondern perlt ab wie Salatöl. Es gibt keine klebrigen Reste; der Löffel ist sofort wieder sauber. Man taucht ihn zur Reinigung nur kurz in klares Wasser – fertig!

Weitere Forschungsarbeiten waren ebenfalls erfolgreich. In Zusammenarbeit mit der Industrie wurde zum Beispiel eine Fassadenfarbe entwickelt, die beim Trocknen winzige Erhebungen ausbildet. Diese werden von feinsten Partikeln gebildet, die in die Farbe gemischt wurden. So entsteht beim Auftragen der Farbe eine mikrostrukturierte Wasser abweisende Oberfläche. Wie beim Lotusblatt wird verhindert, dass Wasser, Staub und Schmutz mit der gesamten Fläche einer Hausfassade in Berührung kommen und sich festsetzen. Wasser perlt sofort ab und reißt dabei die lose aufsitzenden Schmutzpartikel mit. Die Fassade

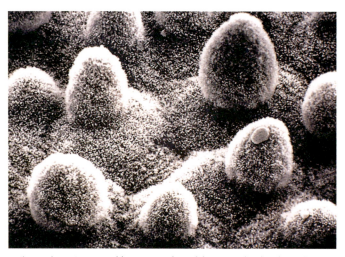

Mikrostruktur eines Lotusblatts, unter dem Elektronenmikroskop betrachtet

EFFEKTE DER SELBSTREINIGUNG

Eine spezielle Beschichtung sorgt dafür, dass der Honig vom Löffel abfließt.

bleibt trocken und sauber; Algen und Moose können sich nicht festsetzen. Auch selbstreinigende Dachziegel, Fensterscheiben, Keramiken, zum Beispiel Waschbecken oder Badewannen, Kunststoffoberflächen, Holz- oder Autolacke wurden entwickelt, die nach dem Prinzip der Lotusblume wirken. Außerdem gibt es bereits Schmutz abweisende Textilien, zum Beispiel bei Sportbekleidung.

Alle diese selbstreinigenden mikrostrukturierten Oberflächen haben den Vorteil, dass Zeit, Energie, Wasser und Chemikalien zu ihrer Reinigung gespart werden können. Ein Auto beispielsweise muss nicht mehr so oft in die Waschanlage gefahren werden, da Regen oder Tau den Schmutz einfach abwaschen können.

Saubere Tierwelt

Selbstreinigende Oberflächen gibt es auch in der Tierwelt. Wenn der Dungkäfer zum Beispiel aus einem Kuhfladen herauskriecht, ist er völlig sauber. Die großen Dolchwespen Südeuropas graben sich halbmetertief in Sand, Gartenerde oder auch Misthaufen ein, um Nashornkäferlarven zu suchen, an denen sie ihre Eier ablegen. Wenn sie wieder aus der Erde schlüpfen, wischen sie ihre Augen ab und sind ansonsten vollkommen rein.

Ähnliches ist bei den Wasserkäfern, zum Beispiel den Gelbrandkäfern, zu beobachten. Diese Käfer wühlen häufig im Schlamm und Schmutz der Gewässergründe. Beim Aufsteigen aus dem Wasser perlt der Schmutz einfach von ihren glatten Flügeldecken ab.

Untersuchungen haben ergeben, dass sich die Oberfläche ihrer Flügeldecken von den Flügeln anderer Käfer nicht allzu sehr unterscheidet. Zum Selbstreinigungsverfahren dieser Käfer tragen also bisher unbekannte Effekte bei. Erst wenn sie erforscht sind, können sie vielleicht von der Technik genutzt werden.

Eine Dolchwespe kriecht rückwärts aus einem Misthaufen heraus.

Diese Fliege wischt sich den Staub von den Augen. Schon ist sie wieder sauber.

SCHUTZ UND PFLEGE

Pflegendes Wachs

Ein schützendes Wachs hält die Schale des Apfels appetitlich glatt. Die kosmetische Industrie hat daraus für ihre Produkte gelernt.

Apfelwachs

Gesunde Früchte des Apfelbaums werden im Normalfall von glänzenden, glatten Schalen umhüllt. Für die Pflege und den Schutz dieser Schale ist das Apfelwachs verantwortlich. Das kann man in einem kleinen Versuch sehr leicht selbst feststellen. Man muss dazu nur die eine Hälfte eines Apfels mit einem alkoholgetränkten Wattebausch abreiben. Nach wenigen Tagen schrumpft die abgeriebene Seite des Apfels und das Fruchtfleisch wird weich. Die unbehandelte Apfelseite hingegen altert erheblich langsamer. Die Wachsschicht verhindert also, dass der Apfel austrocknet. Sie sorgt aber auch dafür, dass die empfindliche biologische Oberfläche beim Kontakt mit Schadstoffen, beispielsweise Pilzsporen, keinen Schaden nimmt.

Die eine Hälfte eines Apfels wurde mit einem alkoholgetränkten Wattebausch abgerieben (oben). Schon nach wenigen Tagen wird das Ergebnis deutlich. Die abgeriebene Hälfte schrumpft und verschorft.

Haar- und Hautpflege

Wissenschaftler der Haarkosmetik haben es fertiggebracht, aus den Pressrückständen von Äpfeln, die bei der Apfelsaftherstellung übrig bleiben, das Schalenwachs herauszulösen. Das herausgelöste und gereinigte Wachs kann man zum Beispiel Haarpflegemitteln beimischen. Diese legen eine äußerst feine Wachsschicht um jedes Haar und vermindern somit die Gefahr des Austrocknens und des Kontakts mit Schadstoffen. So bleibt das Haar länger „natürlich" – und zwar mithilfe eines nachwachsenden natürlichen Rohstoffs.
Vielleicht bietet sich diese natürliche Substanz auch als Beimischung für Handpflegemittel an. Auf die Haut gerieben verhindert sie zuverlässig den sonst starken Wasserverlust. Außerdem verringert sie Hautschädigungen, wie etwa beim Kontakt durch ätzende Chemikalien. Dabei unterbindet sie nicht den Gasaustausch. Ein natürlicher, nachwachsender Rohstoff als Schutz- und Pflegewirkstoff in der Kosmetik ist ein guter Anfang. Die Industrie untersucht nun verstärkt die Pflanzenwelt nach ihren schützenden und pflegenden Stoffen.

Dieses große Haarmodell zeigt die schuppige Haarstruktur. Das Apfelwachs legt sich um das Haar und schützt es vor dem Austrocknen.

DIE SONNE ALS LEBENSQUELLE

Naturmaterial

Wenn man überlegt, woher letztlich alle Energie in der belebten Welt kommt, gibt es nur eine einzige Antwort: von der Sonne. Die Materialien, welche die Lebewesen mit dieser Energie aufbauen, sind aber sehr unterschiedlich. Der Mensch sollte sich auch hier möglichst viele Anregungen aus der Natur holen, denn die Sonne stellt ihre Energie kostenlos zur Verfügung und ist eine nahezu unerschöpfliche Quelle.

ENERGIETRÄGER WASSERSTOFF

Pflanzen erzeugen Energie

Mithilfe von Sonnenlicht bilden Pflanzen eine energiereiche Substanz. Auch der Mensch könnte dieses Energieprinzip nutzen.

Die Fotosynthese

Bei der Fotosynthese erzeugen grüne Pflanzen tagsüber mithilfe der Sonnenenergie aus Wasser und Kohlendioxid energiereiche Substanz, nämlich Traubenzucker (Glukose), daneben Sauerstoff. Die Fotosynthese findet in den Blättern von Pflanzen statt. Das Sonnenlicht wird vom Blattgrün (Chlorophyll) aufgefangen; seine Energie wird zur Herstellung von Traubenzucker verwendet.

Während das Kohlendioxid durch die Spaltöffnungen an der Unterseite der Blätter eindringt, wird Wasser durch die Wurzeln aufgenommen. Die Sonnenenergie setzt eine ganze Kette chemischer Reaktionen in Gang. Wasser wird in Wasserstoff und Sauerstoff gespalten. Der Wasserstoff verbindet sich mit dem Kohlenstoff aus dem Kohlendioxid zu Traubenzucker. Traubenzucker liefert Energie für das Wachstum der Pflanzen. Während der Fotosynthese erzeugt die Pflanze Sauerstoff, der an die Luft abgegeben wird.

Dieser Vorgang lässt sich in einer Gleichung darstellen:

> **Kohlendioxid + Wasser + Sonnenenergie → Traubenzucker + Sauerstoff**

Lebensquell Sonnenenergie

Pflanzenfresser unter den Tieren, etwa Mäuse, ernähren sich von pflanzlicher Substanz. Somit benutzen sie im Grunde einen Teil der von der Pflanze eingefangenen Sonnenenergie für ihre eigenen Lebensprozesse. Damit bauen sie auch ihre eigenen Biomaterialien auf, wie zum Beispiel Muskeln und Knochen. Tierfresser wiederum ernähren sich von Beutetieren. Die Katze beispielsweise frisst Feldmäuse. Mit der einverleibten Substanz und der damit zugeführten Energie – letztlich also im Beutetier gespeicherte Sonnenenergie! – kann sie leben und wachsen. Wenn sie größer wird, wächst ihr Knochenmaterial mit. „Mitwachsendes Material" kennt die Technik bisher noch nicht.

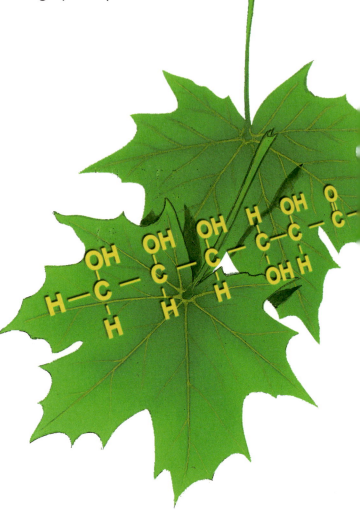

Die chemische Formel für Traubenzucker: 6 Kohlenstoff-Atome (C), 12 Wasserstoff-Atome (H) und 6 Sauerstoff-Atome (O) ergeben Traubenzucker.

Pflanzliche Solarfabriken

Das Pflanzenblatt ist eigentlich eine solarbetriebene Zuckerfabrik. Betrachtet man einen Schnitt durch ein grünes Blatt unter dem Mikroskop, so erkennt man seinen Aufbau aus Zellen. Diese beherbergen viele Blattgrünkörner, die den Blattfarbstoff Chlorophyll enthalten. Zerlegt man ein Blattgrünkorn in feinste Schnitte und betrachtet sie im Elektronenmikroskop, erkennt man übereinander liegende Membrantaschen. An und in diesen spielt sich die Fotosynthese ab, die in zwei Produktionsstufen verläuft.

ENERGIEERZEUGUNG IN DER PFLANZE

Sonnenkraftwerk Baum

Ein großer Buchenbaum ist nichts anderes als ein ausgereiftes pflanzliches Sonnenkraftwerk. Aus den Wurzeln läuft in feinsten Leitungsgefäßen ein steter Strom von Wasser nach oben in die Blätter. Über ihre Spaltöffnungen nehmen die Blätter Luft auf. Und die grünen Zellen in den Blättern stellen aus dem Wasser und dem Kohlendioxid der Luft Traubenzucker her. Der Sauerstoff entweicht durch die feinen Spaltöffnungen wieder in die Atmosphäre. Mensch und Tier benötigen ihn zum Atmen. Was passiert mit den Zuckersubstanzen? Sie werden in Wasser gelöst und laufen in speziellen Leitungsgefäßen innerhalb des Baumes nach unten bis zur Wurzel. Dort werden sie in umgewandelter Form gespeichert. Das funktioniert also wie in einem Hochhaus, in dem die Aufzüge dauernd hinauf- und hinunterfahren, vom Dach zum Keller und zurück.

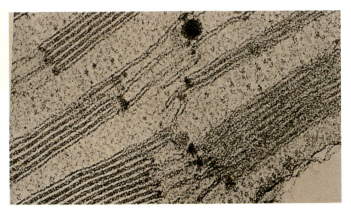

Die Membrantaschen im Blattgrünkorn liegen stapelartig übereinander.

Produktion von Wasserstoff

Im ersten Schritt wird mithilfe von Sonnenenergie Wasser in Wasserstoff und Sauerstoff, der an die Luft abgegeben wird, gespalten. Im zweiten Produktionsabschnitt wird das Kohlendioxid aus der Luft gesammelt. Dann werden Kohlendioxid und Wasserstoff zum Kohlenhydrat Traubenzucker verknüpft. Gerade von dem ersten Produktionsabschnitt der Fotosynthese, in dem Wasserstoff hergestellt wird, können wir für die Technik lernen. Wasserstoff ist ein umweltfreundlicher Energieträger, für den es viele Anwendungsmöglichkeiten gibt (siehe Seite 79).

„Bioreaktoren"

Zu den grünen Pflanzen gehören auch viele winzig kleine Algen. Sie können ebenfalls Zuckersubstanzen bilden, von denen wiederum andere Mikroorganismen, wie bestimmte Purpurbakterien, leben können. Wenn Techniker in den Umwandlungsprozess eingreifen, wird Wasserstoff frei. Daraus ergibt sich eine gute Idee für die Technik. Man lässt die winzigen grünen Algen und die Purpurbakterien in einem Doppel-Bioreaktor zusammenarbeiten. Dann produzieren die grünen Algen Zucker, und die Purpurbakterien verarbeiten diesen weiter zu Wasserstoff und sonstigen Stoffwechselprodukten. Den Wasserstoff kann man abfangen, komprimieren und als Energieträger nutzen.

Die Idee wurde in der Sahara getestet, wo es ja bekanntlich genügend Sonne gibt. Im kleinen Maßstab ist sie tatsächlich umzusetzen. Letztendlich könnte man damit große „Sonnenfarmen" bauen, die pro Quadratmeter Fläche bis zu 30 Watt abgeben könnten. Natürlich ist das heute noch Zukunftsmusik. Wer aber weiterkommen will, muss auch ungewöhnliche Überlegungen anstellen.

In den Dünen der Sahara findet ein ungewöhnliches Experiment statt: In einem Doppel-Bioreaktor werden von Ingo Rechenberg Purpurbakterien und Grünalgen gezüchtet, um solaren Wasserstoff zu produzieren.

SOLARENERGIE

Energie von morgen

Erneuerbare Energiequellen werden in Zukunft etwa die Hälfte der weltweit benötigten Energie liefern. Dazu gehört neben Sonne und Wind auch Wasserstoff.

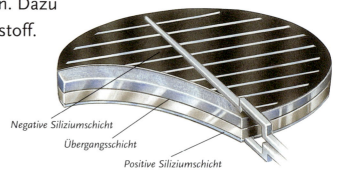

Eine Solarzelle besteht aus drei Schichten.

Negative Siliziumschicht
Übergangsschicht
Positive Siliziumschicht

Elektrizität aus Sonnenlicht

Solarzellen-Kraftwerke, auch fotovoltaische Kraftwerke genannt, wandeln Sonnenenergie direkt in elektrischen Strom um.
Eine Solarzelle besteht aus zwei dünnen Schichten eines Halbleiters, zum Beispiel aus Silizium. Halbleiter sind Stoffe, deren Leitfähigkeit mit steigender Wärme zunimmt. Die eine Halbleiterschicht ist so behandelt, dass mehr Elektronen (negativ geladene Teilchen) vorhanden sind als gebraucht werden. Die Ladung dieser Seite ist negativ. Der anderen Schicht fehlen dagegen Elektronen. Die Ladung dieser Seite ist positiv.
Wenn Sonnenlicht auf die Zelle fällt, erhalten die Ladungen einen Impuls zum Ausgleich. Überschüssige Elektronen wandern von der negativen Schicht zur positiven Schicht. Durch den Elektronenfluss wird Strom mit einer Spannung von etwa 0,5 bis 1 Volt erzeugt. Solarzellen werden zu Modulen und diese zu Solarflächen zusammengeschaltet, um höhere Spannungen zu erzeugen.

Solarenergie im Alltag

Sowohl Satelliten als auch Raumstationen produzieren den für ihren Betrieb benötigten Strom mittels Solarzellen-Kraftwerken selber. Dafür haben sie große Sonnensegel mit Tausenden von Solarzellen.
Im Alltagsleben dienen Solarzellen als Energiequelle für Leuchtmittel, Taschenrechner, Uhren oder Parkscheinautomaten. Auch in Privathaushalten wird zunehmend die saubere, umweltschonende Solarenergie genutzt.
Durch Solarzellen auf dem Hausdach kann ein Teil des Stroms beispielsweise für die Warmwasserversorgung oder für die Haushaltsgeräte selbst erzeugt werden. Forscher arbeiten auch an der Entwicklung von solarbetriebenen Autos.

Um möglichst viel Licht zu erhalten, sind Solarzellen-Kraftwerke immer nach Süden zur Sonne ausgerichtet.

UMWELTFREUNDLICHES VERBRENNUNGSPRODUKT

Solare Wasserstofftechnologie

Wie wäre es nun, wenn wir der Pflanze die Tricks der Fotosynthese (siehe Seite 76–77) abschauen würden, den Wasserstoff aber nicht an Kohlenstoffketten hängen, sondern in Stahlflaschen pressen und aufheben würden? Dabei können wir vom Anfangsteil des pflanzlichen Syntheseprozesses lernen. Die Pflanze nutzt ihren grünen Blattfarbstoff, das Chlorophyll, um das Sonnenlicht einzufangen und einen Teil seiner Energie weiterzugeben. Wir müssen für diesen Zweck geeignete chemische Substanzen entwickeln, die weniger empfindlich sind und nicht so schnell altern wie das Chlorophyll. Wir müssen also die Vorgänge in der Pflanze unseren technischen Bedürfnissen anpassen.

Energieträger Wasserstoff

Noch ist man nicht in der Lage, nach den Methoden des grünen Blatts Wasserstoff zu erzeugen. Das wäre aber die wichtigste bionische Erfindung, die man sich überhaupt vorstellen kann. Möglicherweise ist dies in 15 bis 20 Jahren erreicht.

Dann könnten wir auf Kernkraftwerke verzichten und bräuchten auch keine fossilen Brennstoffe (Kohle, Erdöl, Erdgas) mehr zu verbrennen. Die sind dafür auch viel zu wertvoll, denn sie sind nicht unbegrenzt vorhanden. Man könnte Kohle und Erdöl viel vernünftiger als Basis für Kunststoffe einsetzen, die man ebenfalls immer benötigen wird, statt sie beispielsweise in Kohlekraftwerken direkt zu verbrennen oder in Kraftstoff umzuwandeln.

Noch ist die Herstellung von Wasserstoff mit hohen Kosten verbunden, da für die Spaltung von Wasser in Wasserstoff und Sauerstoff viel elektrische Energie aufgewendet werden muss. Kostenlose Energie könnte jedoch die Sonne liefern: Sie sendet stündlich so viel Energie zur Erde, wie weltweit pro Jahr verbraucht wird.

Wasserstoff durch Sonnenenergie

Es gibt bereits konkrete Forschungsprojekte, die weltweit nach geeigneten Standorten für die Gewinnung von Wasserstoff in solarthermischen Kraftwerken suchen. Die Regionen müssen eine hohe Sonneneinstrahlung aufweisen, um den erforderlichen hohen Energieeinsatz zu gewährleisten.

Wie soll so ein Kraftwerk arbeiten? Zurzeit werden sogenannte Thermo-Öle getestet, die Sonnenwärme aufnehmen und speichern. Sie versprechen eine hohe Energieausbeute bei der Bündelung der Sonnenkraft. Über Tauschersysteme erzeugen sie Dampf, der wiederum Turbinen zur Stromgewinnung antreibt. Mit der so gewonnenen Elektrizität lässt sich anschließend Wasser in seine Bestandteile zerlegen und Wasserstoff erzeugen.

Anwendungsmöglichkeiten für Energie aus Wasserstoff

Mit Wasserkraft, Wind- und Sonnenenergie kann umweltverträglich Wärme oder Elektrizität gewonnen werden, die in Form von Wasserstoff gespeichert und verfügbar gemacht wird. Wasserstoff ist vielseitig nutzbar: zur Wärmegewinnung, als Kraftstoff, in Brennstoffzellen. Brennstoffzellen können die Energie des Wasserstoffs in Strom und Wärme verwandeln. Der Einsatz von Wasserstoff wird bereits erprobt. Viele Busse des Saarbrücker Stadtverkehrs fahren mit Wasserstoff, der in Stahlflaschen auf dem Dach der Busse gelagert wird. Der Motor läuft mit dem technisch hergestellten Wasserstoff und arbeitet im Prinzip genauso gut wie ein Benzinmotor. Ein Vorteil dabei ist, dass sich keine gefährlichen Abgase bilden. Denn wenn Wasserstoff im Motor verbrannt, also mit Sauerstoff verbunden wird, entsteht Wasser. Die Formel dafür lautet: Wasserstoff + Sauerstoff → Wasser. Zurzeit sind sowohl in der Autoindustrie als auch in der Heizungsindustrie Brennstoffzellen in der Entwicklung, die aus Wasserstoff und Sauerstoff Strom und Wärme erzeugen.

In einem Tank auf dem Dach werden Stahlflaschen mit Wasserstoff gelagert.

TRADITIONSREICHER BAUSTOFF HOLZ

Werkstoff Holz

Der erstaunlichste Baustoff des Pflanzenreichs ist zweifellos das Holz. Auch wenn es aus einzelnen, verstärkten Zellen aufgebaut ist, entwickelt es sich als Verbundwerkstoff.

Holz: ein natürlicher Werkstoff

Von der Steinzeit bis in unsere Tage haben die Menschen das Naturmaterial Holz vielseitig eingesetzt. Ein Holzbalken ist für viele Zwecke zu gebrauchen. Er ist zwar nur wenig auf Zug belastbar, sehr gut dagegen auf Druck. Selbst eine gewisse Biegung hält er aus, ohne zu brechen. In unserer modernen Gesellschaft werden die tragenden Dachkonstruktionen immer noch aus Holz gemacht! Niemand kommt auf die Idee, in großem Maßstab Dachgerüste aus Aluminium oder Spannbetonstreben zu fertigen. Solche Materialien sind entweder zu teuer, zu schwer, zu kompliziert herzustellen oder zu wenig haltbar. Holz stellt offensichtlich einen guten Kompromiss dar.

Traditioneller und bis heute verwendeter Baustoff für Dachstühle ist Holz.

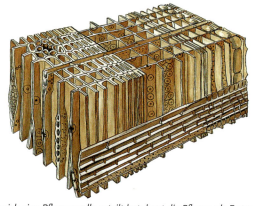
Nachdem sich eine Pflanzenzelle geteilt hat, baut die Pflanze als Erstes eine Zellwand aus miteinander verwobenen Zellulosefasern dazwischen, die sie dann immer mehr verdickt und verstärkt. Aus vielen solchen Zellwänden entsteht das Material „Holz".

Holz: ein Mehrkomponentenmaterial

Holz ist – wie jedes pflanzliche Gewebe – aus einzelnen Zellen aufgebaut. Diese haben aber ganz besonders dicke Zellwände aus Zellulosefasern. Zellulose fertigt die Pflanze aus den Produkten der Fotosynthese, den Traubenzucker-Bausteinen. Somit steckt auch im Holz ein Teil der vorher von Blättern eingefangenen Sonnenenergie. In verholzten Zellwänden sind solche Zellulosefasern mit einer Art Kittstoff verklebt. Man nennt diesen Kittstoff Lignin. Damit ist der natürliche Baustoff „Holz" dem technischen Baustoff „Stahlbeton" irgendwie ähnlich. Im Stahlbeton gibt es eine zugfeste Bewehrung aus Metallstäben oder Metalldrähten, die in Zement eingegossen wird. In der Natur haben wir zugfeste Zellulosefasern, die mit Lignin verklebt sind. Beide Materialien sind „Mehrkomponentenmaterialien". Die Wissenschaftler studieren das Material Holz, um herauszubekommen, wie man künstliche Mehrkomponentenmaterialien günstig fertigt.

Wer wissen will, wie sich Zellulose anfühlt, braucht nur ein Wattestäbchen in die Hand zu nehmen. Sein Kopf besteht praktisch aus reinen Zellulosefasern.

HAUCHFEINE HOLZPRODUKTE

Holz: ein problematisches Material

Holz hat allerdings einen Nachteil: Es ist nicht überall gleichartig – homogen – aufgebaut. Die Jahresringe unterteilen es in unterschiedlich dicke Schichten, zu denen die Markstrahlen senkrecht verlaufen. Es ist also nicht gleichgültig, wie man einen Balken aus einem dicken Baumstamm herausschneidet und wie man ihn dann belastet. Die Technik hat hier die Möglichkeit, gezielter vorzugehen. In einem Betonträger kann ein Querschnitt durch Stahlträger und Zementummantelung aussehen wie der andere. Der Träger ist homogen und zeigt damit auch keine zufälligen Schwachstellen.

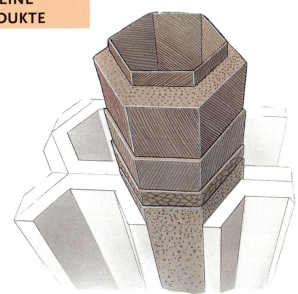

Eine lang gestreckte Holzzelle mit unterschiedlich „gewickelten" Faserverläufen könnte Vorbild sein für einen technischen Kastenträger aus Glasfasern und Epoxydharz.

Diese Brutwaben einer Wespenart bestehen aus dem Baumaterial Papier.

Holz: Basismaterial für Papier

Holz liefert den Grundstoff für unser Papier. Auch die Natur verwendet Papier oder besser gesagt Pappmaschee.

So wie Bienen aus Wachssubstanz sechseckige Waben bauen, errichten Wespen ihre Waben aus einer Papiersubstanz. Die Sechseckkonstruktion bewährt sich dabei als Raum nutzendes Prinzip, das auf der Fläche einer Hand mehr als 100 Brutwaben oder Speicherzellen zulässt. Für ihr Papier schaben die Wespen trockenes Holz mit den Kiefern ab, vermengen es gründlich mit einer Speichelsubstanz und kleben die zerfaserte Substanz dann aufeinander. So entstehen die papierenen Waben. Die Nester der Feldwespe bestehen nur aus einer oder mehreren frei hängenden Waben. Andere Wespen, die wir auch auf dem Dachboden finden können, hüllen diese Waben mit glockenförmigen Papiergebilden ein. Diese sind imprägniert und damit wasserdicht. Wenn es regnet, läuft das auftropfende Wasser ab.

Papierene Mehrfunktionssysteme

Die größere Staaten bildenden Wespen bis hin zur Hornisse bauen ihre Nestumhüllung als Mehrkomponentensystem, das mehrere Funktionen hat. Die Wespen verwenden zwar eine Art Papier, schließen aber mit Luft gefüllte Hohlräume ein. Damit wird das Ganze nicht nur als Abschluss brauchbar, sondern es wirkt gleichzeitig als Wärmeisolator. So erreicht die Natur mit einem Material mehrere Zwecke und folgt damit ihrem Grundprinzip: „Möglichst mehrere Fliegen mit einer Klappe schlagen."

Dieses papierene Nest einer Hornisse ist fast so groß wie ein Fußball.

KALKSALZE ALS BAUMATERIAL

Knochen reparieren sich selbst

Der menschliche Körper verfügt über ein raffiniertes System, um Knochenbrüche zu heilen. Die Technik arbeitet daran, dieses System für ihre Zwecke zu übertragen.

Zellen für den Materialtransport

Wer sich den Fuß gebrochen hat, muss geduldig sein und das gebrochene Glied mit einem Gipsverband ruhig stellen lassen. Dabei wächst der Knochen zusammen. Einige Wochen nach einem Knochenbruch wird der Gips weggenommen, das Glied darf aber noch nicht zu stark belastet werden. Nach dem Bruch bildet sich ein sogenannter Kallus und der Knochen verstärkt sich immer mehr. Nach einem halben Jahr ist der Knochen geheilt.

Knochenmaterial kann sich also selbst reparieren. Es besteht zwar aus teils harten, teils elastischen Materialien, die raffiniert zusammengekoppelt sind, aber – und das ist das Entscheidende – auch aus lebenden Zellen. Da gibt es Zellen, die Kalksalze antransportieren können. Sie legen sie dort ab, wo der Knochen zu dünn ist. Dann gibt es andere Zellen, die solche Salze wegnehmen können. Sie bauen sie dort ab, wo der Knochen zu dick ist. Auf diese Art und Weise erhält der Knochen einige Zeit nach dem Bruch seine normale Form zurück. Diese Vorgänge lassen sich auch mit Computersimulationen nachvollziehen.

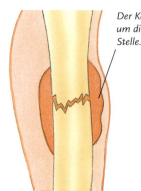

Der Kallus legt sich um die gebrochene Stelle.

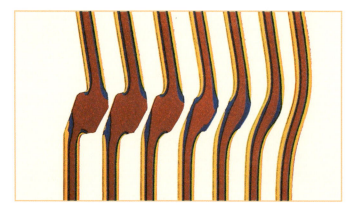

Computersimulation einer Knochenheilung: Ein gebrochener Oberschenkelknochen, den man in seiner Fehlstellung belassen hat, wächst beim Jugendlichen wieder zu einer gestreckten Form heran.

Direkte Knochenbildung

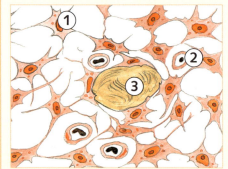
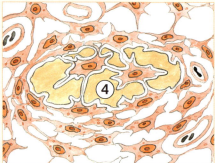
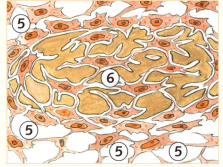

Vermaschte Zellen (1) formen sich zu Vorläufer-Knochenbildungszellen (2) um. Diese bilden einen bindegewebigen Strang (3), der sich zu einer Knochenanlage (4) erweitert. In diese mauern sich die aus den Vorläufern entstandenen Knochenbildungszellen (5) richtiggehend ein, indem sie um sich herum knöchernes Material (6) abgeben. So wächst die Anlage zu einem Knochen heran.

PRODUKTE AUS KALKSALZEN

Herausgewitterte Bewehrung in Stahlbeton

Ein Metallgitter überzieht sich im Meeresversuch mit Kalk.

Selbstheilung von Knochen

Die Natur kann sich in vielen Fällen selber heilen. Knochen zum Beispiel erzeugen beim Biegen elektrische Ladungsverteilungen, die zur Anhäufung negativer Ladungen an den Biegeinnenseiten führen. Diese ziehen die Kalk ablagernden Knochenzellen an und veranlassen sie zur Abgabe der Kalksalze. Der Knochen wird dadurch widerstandsfähig gegen Druck, Biegung und Drehung.

Selbstheilung in der Technik?

Kann man das Selbstheilungsprinzip des Knochens technisch nachahmen? Zwar verfügt die Technik nicht über lebende Zellen, die Kalksalze produzieren, das Prinzip lässt sich aber versuchsweise übertragen.

Stahlbetonbrücken beispielsweise rosten manchmal von innen her, weil Wasser von Regen und Schnee über feine Risse eindringt und das stützende Stahlskelett anrosten lässt. Hier könnte man die Selbstheilungskraft der Natur nachahmen: Wenn man eine negative Spannung an die rostende Bewehrung einer Brücke legt und dort in Wasser gelöste, positiv geladene Kalziumionen durch die Spalten einsickern lässt, dann müssten die positiven Teilchen zum negativen Pol hinwandern und sich dort festsetzen. So könnten die Spalten von innen her wieder geschlossen werden und die Brücke würde nicht mehr weiterrosten. Überlegungen dieser Art werden bereits in Pilotversuchen umgesetzt. Sie lassen sich in einiger Zeit wohl schon technisch verwerten.

Kalksalze ernten

Auch das Meerwasser enthält viele gelöste Kalksalze. Wenn man sie durch Anlegen einer elektrischen Spannung an einem metallenen Maschendraht niederschlagen lässt, umgeben sich die Maschen mit Kalk. Auf diese Weise könnte man zum Beispiel künstliche Riffe für die Meereslebewesen bilden.

Würde man aus dem Maschendraht das Skelett eines einfachen Pontons oder Kahns formen, so ließe sich nach einiger Zeit sozusagen ein ganzes Boot „abernten". Und auch die notwendige elektrische Spannung könnte man mithilfe der Natur umweltverträglich erzeugen, und zwar über eine Windkraftanlage. Versuche dazu sind erstaunlich erfolgreich verlaufen.

Medizinische Anwendung

Mit dem vielfach verfügbaren Kalk hat sich die Technik noch nicht so recht angefreundet – eine spezielle Anwendung ausgenommen: Aus porösen Korallenstöcken ausgedrehte, gereinigte und sterilisierte Kalkelemente kann man in komplizierte Knochenbrüche einoperieren. Der wachsende Knochen akzeptiert sie als „Leitschiene", wächst in die Poren hinein und ersetzt langsam die Kalksubstanz. So wird die Heilung des komplizierten Bruchs unterstützt und beschleunigt.

Dieses Kalkstück wurde aus einem Korallenstock ausgedreht.

VON SEEIGELSTACHELN UND -ZÄHNEN

Baustoff Kalk

Seegel sind Meister im Verarbeiten von Kalksubstanz. Sie bauen alles aus diesem vielseitigen Baustoff, zum Beispiel ihren Panzer und ihre Zähne.

Stabiler Kalkpanzer

Am Meeresstrand findet man häufig angespülte Seeigelpanzer. Drückt man sie mit den Fingern und etwas Krafteinsatz auseinander, dann zerfallen sie in lauter sechseckige Plättchen. Von der Kante her betrachtet sieht man, dass diese ziemlich dick sind. Die Plättchen sind zu einem ausgesprochen druckfesten Gesamtpanzer zusammengekittet.

Kalk ist ein relativ leichtes Material, das aber trotzdem zum Bau von soliden Panzern benutzt werden kann, wie diese Schale eines Seeigels zeigt. Der harte Kalkpanzer schützt die Eingeweide des Seeigels. Die Formen der Panzer können unterschiedlich sein: halbkugelig, herz- oder scheibenförmig.

Die Bruchkante des Seeigelpanzers ist deutlich gezackt.

Kennzeichnendes Merkmal der „Laterne des Aristoteles" sind die fünf Zähne.

Zahnapparat und Zähne

Ein Seeigel besitzt in seiner Mundregion einen komplizierten Apparat, der fünf Zähne hin und her bewegt. Seit alters her nennt man ihn „Laterne des Aristoteles". Die Zähne sind sehr hart, denn sie müssen als Schabezähne funktionieren. Aber auch sie sind zur Gänze aus Kalk aufgebaut. Wie kommt es, dass die Seeigel aus ein und demselben Material einen druckfesten, aber relativ weichen Panzer und sehr harte Schabezähne bauen können? Der Trick liegt darin, dass die einzelnen Moleküle der Kalksubstanz in unterschiedlichen Anordnungen vorliegen. Je nach der Anordnung und ein wenig auch abhängig von anderen Substanzen, die zusätzlich eingebaut sind, kann man eine schwammförmige, leichte Kalkschicht bauen (wie beim Panzer) oder eine lamellenförmige, dichte Kalkschicht (wie bei den Zähnen). Auch dieser Gesichtspunkt ist interessant für die Technik und wird zurzeit eingehend untersucht.

Zwei Seeigelzähne in ihrer Kalkhalterung

VIELE GESTALTUNGS-MÖGLICHKEITEN

Chitin: Baustoff der Insekten

Insekten, Spinnen und Krebse bauen ihre Panzer aus Chitin. Das ist eine sehr vielfältig einsetzbare, natürliche Substanz, die auch für den Menschen interessante Anwendungsmöglichkeiten bietet.

Viele Funktionen

Chitin ist ein „multifunktioneller" Werkstoff, der sich für verschiedenste Zwecke einsetzen lässt, wenn er entsprechend verändert wird. In ein Gerüst aus Chitinmolekülen können beispielsweise andere Substanzen eingelagert werden, um das Chitin zu erhärten. Das ist der Fall bei den Stachelspritzen der Bienen und Wespen, die ohne zu biegen oder zu brechen in

Leere Larvenhülle einer Großlibelle, die gerade geschlüpft ist: Hier ist alles aus Chitin, sogar die Hornhaut der Augen und die langen, weißen Tracheenschläuche, die bei der Häutung mit herausgezogen worden sind.

Die Panzerplatten des Bärenkrebses sind über weiche Gelenkhäute verbunden.

Gewebe eindringen müssen, oder bei den feinen, aber hoch belasteten Hartteilen im Flügelgelenk von Fliegen und Bienen.
Durch andere Anordnungen wird Chitin aber auch sehr weich. Diesen Trick benutzen zum Beispiel die Gliederfüßer an ihren Gelenkhäuten zwischen den Panzerplatten oder Panzerröhren aus Chitin. Nur deshalb können die Platten verschoben werden, ohne dass Schadstoffe zwischen den einzelnen Platten in den Insektenkörper eindringen.
Schließlich lässt sich auch Kalk in Chitin einlagern, mit dem der Panzer versteift wird. Die Krebstiere nutzen diese Möglichkeit, um sich vor Feinden zu schützen.

Werkstoff der Zukunft

Chitin ist ein nachwachsender Rohstoff. Es wird unter anderem aus den Panzern von Nordseekrabben gewonnen und dann durch verschiedene chemische Prozesse veredelt. Chitin verspricht ein beachtlicher Werkstoff der Zukunft mit vielen möglichen Anwendungsgebieten zu werden. Besonders in der Medizin und Pharmazie kommt der Substanz eine große Bedeutung zu, da der menschliche Körper gereinigtes Chitin nicht als Fremdkörper empfindet und daher auch nicht abstößt. Durch eine Auflage von Chitin kann zum Beispiel die Heilung von Brandwunden deutlich verbessert werden.

Der Panzer eines Bärenkrebses besteht zwar in der Grundstruktur aus Chitin, doch sind die Aufgaben der einzelnen Teile unterschiedlich. Die harten Panzerplatten sind mit Kalk verstärkt. Sie sorgen für Abschluss und Schutz. Die dazwischenliegenden dünnen und weichen Gelenkhäute sichern die Beweglichkeit des Ganzen.

MATERIAL SPAREND GEBAUT

Leichtmaterialien

Die Natur geht sehr sparsam mit ihren Materialien um. Damit sie möglichst wenig Material verbraucht, lagert sie Luft ein.

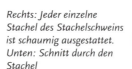

Rechts: Jeder einzelne Stachel des Stachelschweins ist schaumig ausgestattet. Unten: Schnitt durch den Stachel

Materialkosten senken

Mit der „Sonnenenergie", die von Pflanzen über Pflanzenfresser zu den Tierfressern gelangt, müssen Lebewesen sehr gut haushalten. Sie verfügen deshalb über ein Arsenal von Leichtmaterialien, deren Aufbau wenig Energie kostet und wenig Material verbraucht. Die Natur stützt sich hierbei auch auf Konstruktionen, bei denen sehr dünnes Material luftgefüllte Räume umschließt. Solche Materialien erfüllen verschiedenste Zwecke. Sie stabilisieren, schützen, isolieren und dämpfen, dienen aber auch dem Auftrieb im Wasser.

Stabile Leichtbauten

Stachelschweine beeindrucken mit ihren langen Stacheln Fressfeinde und Räuber. Damit sie bei Angriffen nicht brechen, müssen diese Stacheln sehr stabil sein. Sie bestehen daher aus einer äußeren Hülle, die innen schaumig ausgesteift ist. Dadurch werden die Stacheln sehr leicht, knicken aber nicht so einfach ab. Wie die Natur mit Schäumen umgeht, das zeigt zum Beispiel auch die Schaumzikade. Sie baut sich eine Hülle aus dauerhaftem Schaum, in der sie sitzt und ungestört den Saft des Wiesenschaumkrauts saugen kann.

Auftriebsorgan Schulp

Der Schulp der zehnarmigen Tintenfische ist ein Material sparendes Bauwerk aus Kalksubstanz, das dem Muskelansatz dient und als Auftriebsorgan wirkt. In dem als Etagenbau konstruierten Bauwerk halten Pfeiler die dünnen „Etagenböden" auf Abstand. Die Pfeiler selbst sind hohl und druckstabil ausgeformt. So wird das ganze Gebilde äußerst leicht, ist dabei aber belastbar und ausgesprochen Material sparend angelegt.

Von ihrem dichten Schaum geschützt saugt die Schaumzikade Pflanzensaft.

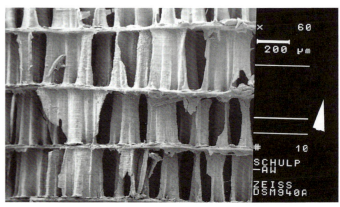

Das Rasterelektronenmikroskop zeigt die Kalkpfeiler im Schulp einer Sepia.

MIT LUFT STABILISIERT

Stoßfänger der Eulen und Käuze

Ähnlich aufgebaut ist auch die Stirnregion nachtfliegender Vögel wie Eulen und Käuze. Diese Tiere sind immer in Gefahr, irgendwo anzustoßen, und benötigen daher wirksame, aber leichte Stoßdämpfer.

Der Schädel nachtfliegender Vögel, wie hier einer Eule, muss leicht, aber stabil sein.

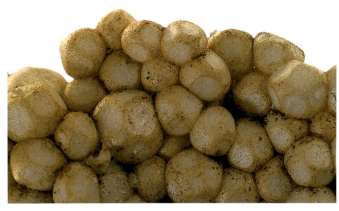

Styropor ist ein beliebtes Verpackungsmittel für stoßempfindliche Gegenstände.

Besonders gefährdet ist dabei natürlich der Kopf mit dem empfindlichen Gehirn. Die Stirn ist daher als mehrlageriges Knochengerüst geformt, in dem einzelne „Etagenbauten" durch Knochenbälkchen auf Abstand gehalten werden – ganz genauso wie beim Schulp des Tintenfisches.

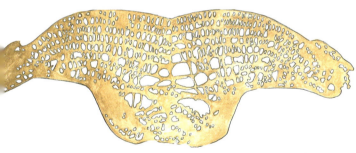

Schattenbild eines Schnitts durch die Stirnregion des Waldkauzschädels: Hohlräume und Balkenkonstruktionen sorgen für Stabilität.

Schaumstoffe und Schäume

Schaumstoffe wie das Styropor sind sehr leicht, denn sie bestehen aus lauter Blasen, die mehr oder minder luftgefüllt sind. Deshalb können sie auch gut schwimmen. Noch leichter sind Schäume aus Seifenblasen. Man kann solche Schäume auch aus Seifen herstellen, die nach einiger Zeit verhärten. Dann können die Blasen nicht mehr platzen und es entsteht eine extrem leichte Schaumsubstanz. Da Luft in sie eingeschlossen ist, isoliert sie gut und kann nicht so leicht zusammengedrückt werden. Sie eignet sich deshalb gut als Verpackungsmaterial für stoßempfindliche Gegenstände. Die Technik verwendet Schäume erst seit etwa 20 Jahren. Heute verschraubt man Fensterrahmen nicht mehr mit dem Mauerwerk, sondern man schäumt sie ein. Dadurch wird der Rahmen nicht nur an wenigen Punkten festgehalten wie bei einer Schraubverbindung, sondern rundum bombenfest eingekittet.

Die Automobiltechnik baut neuerdings leichte und trotzdem hocheffiziente Kunststoff-Stoßstangen („Stoßfänger"), die ähnlich gekammert sind wie die Stirnregion der Eulen und Käuze oder der Schulp des Tintenfisches. Sie federn einen Aufprall mit geringer Geschwindigkeit ab, ohne dabei zu Bruch zu gehen.

Die gekammerten Kunststoff-Stoßfänger federn den Aufprall ab.

DEHNBAR UND GESCHMEIDIG

Höchstelastischer Gummi

Materialien, die höchste Elastizität aufweisen, sind in der Natur unverzichtbar und auch für die Technik von großem Interesse.

Resilin

Gummi ist sehr elastisch. Den Beweis liefert zum Beispiel ein Gummiball, der ein paarmal auf und ab springt, wenn man ihn auf den Boden prellt. Manche Springbälle sind aus höchstelastischen Gummisorten hergestellt. Wenn man sie fest auf den Boden knallt, springen sie bis zur Decke hoch, fallen zurück und dann beginnt das Spiel von vorn.

Solche höchstelastischen Materialien kennt auch die Natur. Sie sind sogar elastischer als die besten technischen Materialien dieser Art.

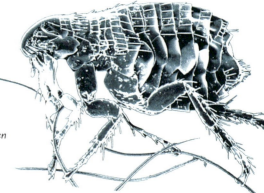

Flöhe besitzen in ihren Hinterbeinen hochwirksame Sprungapparate.

hochelastischen Materialien allerdings gibt es im Flügelgelenk der Fliegen, die deshalb ihre Flügel 200-mal in der Sekunde auf und ab schwirren lassen können, und schließlich in den Beinen der Flöhe. Sie verwenden ihre Sprungbeine wie ein Katapult. Das extrem elastische Resilin hilft ihnen dabei, 20 bis 30 Zentimeter hoch zu springen. Wenn ein Floh zwei Millimeter lang ist, kann er also mehr als das 150fache seiner Körperlänge hochspringen! Das Resilin macht's möglich!

Die Sprungbeine eines Flohs wirken wie ein Katapult.

Eines davon heißt Resilin. Es ist eine Eiweißsubstanz, bei der die Eiweißfäden miteinander verschmolzen sind und ein räumliches Netzwerk bilden. Tiere verwenden diese extrem elastische Substanz zur Energiespeicherung.

Schnelle Flügel und hohe Sprünge

Dank ihrer elastischen Sehnen können Kängurus hohe Sprünge machen. Auch in Pferdefüßen gibt es solche hochelastischen Substanzen und ebenso an den Knotenpunkten der Adern mancher Insektenflügel, die sich deshalb elastisch verformen können. Die tollsten

Der Begriff „Kunststoff"

Wenn man so will, ist auch das biologische Resilin ein „Kunststoff". Es erscheint ein wenig seltsam, dass die Natur „Kunststoffe" verwendet. Gemeint ist dabei, dass sie Stoffe verwendet, die keine Metalle enthalten. Die Technik unterteilt ihre Materialien nämlich in metallische und nicht metallische Werkstoffe, zu den Letzteren gehört auch die Gruppe der „Kunststoffe". So betrachtet sind die Materialien der Natur also „natürliche Kunststoffe". Man muss aber ergänzen: „vollständig recycelbar natürliche Kunststoffe". Wir können beobachten, was von dem Knochenmaterial einer Maus nach einigen Jahren übrig bleibt: gar nichts (siehe Seite 95). Und wenn ein Baum von Pilzen und Bakterien vollständig zersetzt wird, bleibt auch nichts übrig. Die Moleküle, die als Zersetzungsprodukte frei werden, werden sofort von anderen Lebewesen aufgenommen und eingebaut.

STRATEGIEN FÜR DIE ENTWICKLUNG

Evolution und Entwicklung

Das Pferd hat sich in 50 Millionen Jahren zur heutigen Größe entwickelt und als guter Läufer spezialisiert. Man spricht von der Evolution des Pferdes. Auch die Technik kennt solche Entwicklungsreihen, etwa die des Autos. Die Ingenieure können von den Prinzipien der biologischen Evolution profitieren.

MUTATION UND SELEKTION

Wachsen und Verändern

Alles ist im Fluss. Die biologische Evolution bleibt niemals stehen, sondern sie verändert lebende Wesen und Lebensvorgänge. Man kann ihre Grundpfeiler auch auf die Technik anwenden.

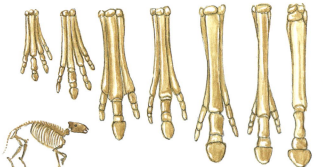
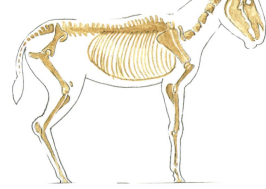

Urpferdchen vor 50 Millionen Jahren *Zwischenstufen* *Heutiges Pferd*

Wandel im Lauf der Generationen

Wenn wir draußen spazieren gehen, sehen wir bestimmte Pflanzen- und Tierarten und sie verändern sich nicht. Ein Gänseblümchen bleibt ein Gänseblümchen, ob wir es heute betrachten oder unsere Kindeskinder in 60 Jahren – sollte man zumindest meinen. Das gilt aber nur für kurze Zeit. Die nächste Generation des Gänseblümchens unterscheidet sich von den Eltern ein ganz klein wenig in ihren Genen, nur merkt man das im Allgemeinen nicht. Über viele Generationen hinweg allerdings gibt es doch merkliche Veränderungen. Die Entwicklung geschieht im Lauf von Jahrmillionen. Was heute auf der Erde lebt, wird in weiteren Jahrmillionen so nicht mehr existieren; aus den heute lebenden Arten werden sich andere entwickelt haben. Man spricht von der Evolution der Arten. Vor einigen Millionen Jahren waren beispielsweise die Pferde pudelgroß und liefen auf mehreren Zehen. Heute sind sie „pferdegroß" und laufen rasch auf einer Zehe.

Wie läuft die Evolution ab?

Als wichtigste Pfeiler der Evolution gelten kleine Veränderungen (Mutationen) und Auswahl (Selektion). Wie ist das zu verstehen? Betrachten wir einmal eine Essigfliegen-Zucht. Aus einem Fliegenpärchen entwickeln sich in einem Zuchtraum von wenigen Wochen Hunderttausende von kleinen Fliegen, die sich in feinen Details unterscheiden. Vielleicht haben ein paar dieser Fliegen deutlich sensiblere Geschmacksorgane für Zuckerlösungen. Wir sprechen dann von einer Mutation. Diese Fliegen, die ein Schälchen mit Zucker leichter finden, werden ihn den anderen wegfressen, bekommen mehr Energie und werden sich damit auch besser fortpflanzen. Damit hätten wir schon eine Auswahl, eine Selektion. Führt man die Zucht nur genügend lange fort, dann gibt es nach einer Reihe von Generationen nur noch Fliegen mit sehr sensiblen Sinnesorganen für Zucker. Alle anderen sind ausgestorben. Eine Mutation hat sich durchgesetzt.

Auffällige Flügel-Mutanten bei der Essigfliege:

Normalform *Flügellose Form*

TECHNISCHE EVOLUTIONSSTRATEGIEN

Technische Evolution

Produkte, technische Konstruktionen und Produktionsverfahren entwickeln sich ständig weiter – man kann von einer „technischen Evolution" sprechen.

Seit den Sechzigerjahren weiß man, dass die biologische Evolution technisch nachahmbar ist. Die sogenannte Evolutionstechnik oder -strategie versucht, die Verfahren der natürlichen Evolution nutzbar zu machen. Das ist im praktischen Experiment möglich oder auch in der Computersimulation. Gearbeitet wird nach dem Prinzip der Versuchs-Irrtums-Entwicklung. Man muss dabei in einer Versuchsreihe nur zufällige Änderungen vornehmen und diese dann testen lassen. Was besser ist, wird aufgehoben, und mit dem wird dann weiterexperimentiert. Was schlechter ist, wird verworfen. Mit der Evolutionsstrategie kann man also Ergebnisse ermitteln, die sich nicht mathematisch berechnen oder planen lassen. Anders als in der Natur braucht die Evolution in der Technik aber weniger Zeit, um technische Konstruktionen und Verfahren zu verbessern, da nicht wie in der Natur Generationen von Lebewesen Mutation (Veränderung) und Selektion (natürliche Auslese) durchlaufen müssen.

Ein Beispiel: Eine Düse für ein Flüssigkeits-Gas-Gemisch sollte verbessert werden. Die Anfangsform 0, eine glatte Düse, war im Wirkungsgrad sehr schlecht. Sie wurde auseinandergesägt und die Einzelteile wurden nun zufällig zu einer neuen Form umgruppiert. Über eine Reihe von 44 „evolutiven Zwischenstufen" ergab sich eine gestufte Endform 45, die eine um 40 Prozent bessere Wirkung hatte als die glatte Ausgangsform. Niemand hätte die äußerst komplizierten Berechnungen für eine solche Form anstellen können.

Die Einzelteile einer Düse für ein Flüssigkeits-Gas-Gemisch wurden nach der Evolutionsstrategie so lange zufällig zusammengesetzt und getestet, bis eine bessere Form gefunden wurde.

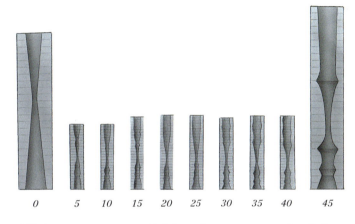

Technische Evolution durch Geschmack

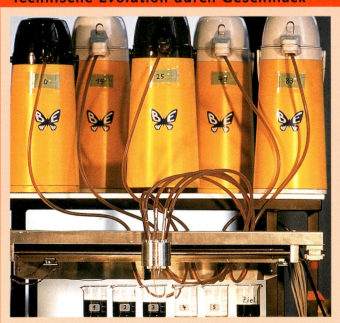

In dieser Testeinrichtung wird Kaffee zufällig gemischt.

Die Evolutionsstrategie benutzen zum Beispiel Kaffeeröster, um die ideale Kaffeemischung zusammenzustellen. Man mischt also beispielsweise aus fünf verschiedenen Kaffeesorten einen Becher voll Kaffee und nimmt zufällig ein bisschen mehr oder ein bisschen weniger von der einen oder anderen Sorte. Dann gibt man den Kaffee einem Prüfer zu trinken und fragt ihn, wie er schmeckt. Sagt er „schlechter als die letzte Mischung", schüttet man diese Probe weg. Findet er sie „etwas besser als die letzte Mischung", verändert man ihre Zusammensetzung ein wenig (also vielleicht etwas mehr von Sorte A und etwas weniger von Sorte B) und lässt erneut schmecken.

Wir haben also wieder das Prinzip von Mutation und Selektion: Mit „Mutation" benennt man die geringfügig und zufällig veränderte Mischung eines Bechers Kaffee aus fünf unterschiedlichen Sorten. Bei „Selektion" ist gemeint: Der Tester sagt, ob der Kaffee besser oder schlechter schmeckt, und der Experimentator entscheidet über das weitere Vorgehen.

So nähert man sich durch immer neue Mischungen einer Idealmischung, die vielen Testern besonders gut schmeckt. Man geht davon aus, dass sich diese Mischung erfolgreich verkaufen lässt und produziert entsprechende Mengen für den Markt.

REAKTION AUF UMWELTBEDINGUNGEN

Entwicklungen

Ein eingespieltes System hält oft lange Zeit. Dann gibt es plötzlich Neuheiten, die sich in vielfältiger Spezialisierung aufspalten.

Der Urvogel Archaeopteryx konnte aus Fossilienfunden rekonstruiert werden.

Die Natur
In der Natur verläuft die Entwicklung meist ganz langsam; oft vergehen Dutzende von Jahrmillionen. In der Evolution des Lebens scheint es allerdings so zu sein, dass – verglichen mit den langen erdgeschichtlichen Zeiträumen – „Neukonstruktionen" plötzlich da sind. Diese entwickeln sich dann weiter und spalten sich in eine Vielfalt von leicht unterschiedlichen Tieren und Pflanzen auf. In der Evolution setzen sich schließlich diejenigen durch, die auf die veränderten Umweltbedingungen am besten reagieren können. Sie verdrängen die schlechter angepassten Formen schon deshalb, weil sie sich rascher und günstiger fortpflanzen.

Flügel und Gefieder der Möwen sind für den Gleitflug geschaffen.

Beispiel: Evolution der Vögel
In der ausgehenden Jura- und frühen Kreidezeit, also vor knapp 150 Millionen Jahren, lebten auf der Erde viele kleine und große Reptilien, darunter auch die riesigen Dinosaurier. Aus den Reptilien haben sich die Vögel weiterentwickelt. Eine Versteinerung des ältesten bekannten Vogels, des Urvogels Archaeopteryx, wurde in Solnhofen gefunden. Als Bindeglied zwischen Reptilien und Vögeln hatte der Urvogel noch Zähne in den Kiefern wie die meisten Reptilien, aber schon Federn, wie man sie von den heutigen Vögeln kennt. Aus solchen frühen Vögeln, die wohl gut gleiten, aber noch nicht gut fliegen konnten, haben sich die „modernen" Vögel entwickelt. Zähne, Fingerklauen und Reptilienschwanz sind verschwunden. Dafür haben sie ein ausgedehntes Brustbein für den Ansatz der kräftigen Flugmuskeln entwickelt, und die Handknochen sind zu einer Trägerstruktur für den Handfittich verschmolzen. Das ist das Grundschema der Vielfalt der heutigen Vögel.

„Moderne" Vögel
Die Vogelwelt ist ungemein vielfältig. Sie reicht vom kleinsten Kolibri, der nur ungefähr drei Gramm wiegt, bis hin zum Trompetenschwan oder zum Kalifornischen Kondor, die beide um die 20 Kilogramm schwer sind. Dazwischen liegen Tausende von „Konstruktionen". Manche Vogelarten können extrem gut segeln wie der Fregattvogel, andere sind pfeilschnelle Flieger wie der Wanderfalke, wieder andere sind auf Langstreckenflug ausgerichtet wie einige Seeschwalben. Es gibt Vögel, die sturztauchend Fische aus dem Wasser schnappen, und solche, die minutenlang in der Luft stehen, um Nektar zu saugen.

Ein eingespieltes Ritual: Zwei Weißstörche begrüßen sich.

BEDÜRFNISSE BEFRIEDIGEN

1895　1908　1915　1924　1957　1971　2000

Die Technik

Auch in der Technik hält sich Bewährtes zäh. Gibt es aber einmal etwas Neues, so entwickelt sich dies sprunghaft zu großer Vielfalt. Das Auto beispielsweise hat sich aus der Kutsche abgeleitet, die früher von Pferden gezogen wurde. Die ersten Autos waren Droschken oder Kutschen, in die ein Motor eingebaut wurde. Dann aber hat man gemerkt, dass Autos auch günstigere Formen haben können und sich nicht an der Form der Kutsche orientieren müssen. Um die Wende zum 20. Jahrhundert entstanden kastenförmige Autos, die den Motor vorne hatten. Dahinter lag das Führerhaus, dann folgte ein Passagier- oder Laderaum. Die meisten Autos fuhren auf vier Rädern, doch experimentierte man auch mit dreirädrigen Fahrzeugen. Diese haben sich aber nur für Spezialfälle bewährt. Die „technische Evolution" hat auf vier Räder gesetzt. Auch heute ist das Auto noch eine Karosse mit Innenraum für den Fahrer und die Passagiere. Es besitzt ein Lenkrad und es hat vier Räder, die vom Motor angetrieben werden. Dieser sitzt entweder vorne oder hinten. Das Grundkonzept ist also über viele Jahrzehnte hinweg gleich geblieben. Dennoch gibt es unzählige Modelle, Abwandlungen und viele verschiedene Einsatzgebiete. Vom schnellen Straßenflitzer mit einer windschnittigen Form bis hin zum Riesentransporter hat man alles entwickelt, was in irgendeiner Weise nützlich ist.

Wichtige Elemente des Autos wurden im Lauf seiner Entwicklung beibehalten, dabei aber stets verbessert.

Sind die Entwicklungen vergleichbar?

Die technische Entwicklung geht also meistens von einer Grundidee aus, die ziemlich plötzlich da ist. Das Auto ist ein Beispiel, die Entwicklung der Fotografie ist ein anderes und die des Computers ein modernes. Wenn aber die Geräte erst einmal da sind, dann werden sie in verschiedenster Weise verändert und den Anforderungen angepasst. So entwickeln sich ganze Industriezweige aus einer Grundidee. Man sieht: Die natürliche Entwicklung und die technische Entwicklung unserer Zivilisationen und Kulturen verlaufen im Prinzip gar nicht so unterschiedlich. Man könnte also die technische Evolution durchaus beeinflussen, wenn man die natürliche Evolution studiert und ihre Prinzipien überträgt.

Auch dieser auf Geschwindigkeit ausgerichtete raketenförmige Wagen behält die Grundidee bei.

EINE ANLAGE ENTWICKELT SICH

Vorfertigen und Entfalten

Entwicklung bedeutet auch Entfaltung. Darunter versteht man zum Beispiel die Art und Weise, wie sich die vorgefertige Blüte aus einer Knospe formt. Das Prinzip der Vorfertigung ist auch den Technikern bekannt.

Blüten- und Blattknospen

Die Knospe trägt die Blütenteile auf engstem Raum zusammengefaltet und sozusagen „vorgefertigt" in sich. Durch Druckerhöhung und Wachstumsvorgänge weichen die Hüllblätter der Knospe auseinander, die Blüte schiebt sich heraus und entfaltet sich, manchmal zu ungeahnter Größe. Man kann sich dann gar nicht mehr vorstellen, wie so eine Blüte in einer winzigen Knospe Platz gefunden hat. Die Tricks der Natur heißen: Vorfertigung und Faltung auf engstem Raum einerseits und Streckenwachstum während des Entfaltens andererseits. Für die Blätter gilt das Gleiche.

In den Knospen einer Kastanie sind Blüten und Blätter gemeinsam angelegt.

Manchmal sind in einer Knospe auch Blüten und Blätter gemeinsam angelegt, wie zum Beispiel bei der Kastanie.

Ersatzkarten

Das Naturprinzip der Vorfertigung setzt auch die Technik immer stärker ein. Geräte werden bereits häufig so konstruiert, dass ganze Komponentengruppen vorgefertigt und für den Zusammenbau zwischengelagert werden können. So auch die Steckkarten mit fertig aufgebauten Schaltungen für Computer und Fernseher. Wenn ein Teil ausfällt, wird nur noch eine Ersatzkarte eingesteckt. Im Gegensatz zur Natur muss sie sich freilich nicht mehr „entfalten".

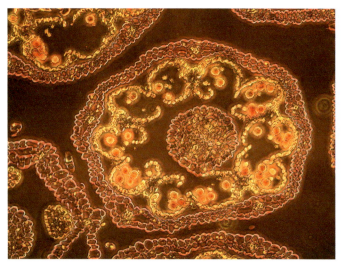

Schnitt durch die Blüten eines Korbblütlers.

Die vorgefertigten Steckkarten können in den Computer eingesetzt werden.

MÜLL VERMEIDEN

Entsorgen und Recyceln

Wie man Abfallstoffe wieder verwertet oder gar nicht erst entstehen lässt, das kann der Mensch von der Natur lernen. Sie produziert keinerlei Abfall.

Müllhalden und Verbrennungsanlagen

Unsere heutige Technik macht es sich leicht. Sie produziert Berge von Müll und Abfall, den man nicht so recht los wird. Kompostierbar ist schließlich nur das wenigste. Müllhalden wachsen und Verbrennungsanlagen sind auch nicht die beste Idee. Sie können zum Beispiel bei Niedertemperatur-Verbrennung umweltschädliche Abgase verbreiten.

Natürliche Entsorgung

Ganz anders die Natur. „Entsorgung", wie sie die Technik kennt, gibt es in der Natur nicht, denn es wird kein Abfall produziert! Ein toter Organismus wird vollständig abgebaut und dem großen Kreislauf wieder zugeführt. Es gibt daher keine Mülldeponien. Was der eine nicht mehr braucht, nimmt der andere auf. Eine tote Maus, die in der Nähe eines Apfelbaums liegt, wird von Bakterien abgebaut; die Baumwurzeln nehmen beispielsweise entstehende Stickstoffverbindungen auf und bauen sie in ihren eigenen Stoffwechsel ein. Selbst die Knochen der Maus zerfallen nach einiger Zeit und, immerhin nach Jahrzehnten, auch die Zähne.

Materialkreislauf

Das beste Beispiel für einen wirkungsvollen Materialkreislauf ist der tropische Regenwald. Der 30 Meter hohe undurchdringliche Dschungel stellt eine riesige Lebensgemeinschaft dar. Die nur rund 30 Zentimeter dünne Humusschicht, die sich auf seinem Boden bildet, wird sofort wieder benutzt, um neue Bäume und Sträucher, Moose und Farne wachsen zu lassen. Wenn diese irgendwann wieder zerfallen, gehen ihre Spaltprodukte zurück in den Humus. Der aber wird sofort erneut aufgebraucht. So bewegen sich die Materialien in einem unendlichen Kreislauf. Mit wenig Materie, die immer wieder eingebaut wird, hält sich das Leben aufrecht. Das ist also eine ganz andere Strategie als die der heutigen Technik, die auf Ausbeutung und Abfallberge setzt.

Die Technik könnte viel von der Natur lernen. So zum Beispiel, dass es überhaupt möglich ist, ohne Abfall zu wirtschaften. Heute gibt es bereits hoffnungsvolle Ansätze. Wir versuchen immer mehr, unsere Materialien zu recyceln, das heißt, wieder in den großen Kreislauf einzuschleusen. Damit nähern wir uns der „natürlichen Materialwirtschaft".

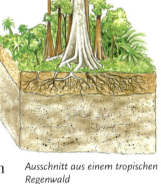

Ausschnitt aus einem tropischen Regenwald

Innerhalb einiger Jahre zerfällt der tote Organismus „Maus".

WORTERKLÄRUNGEN

Auftrieb, strömungsmechanischer: Eine Kraft, die senkrecht zur Anströmung wirkt, beim horizontal fliegenden Flugzeug also senkrecht nach oben.

Bakterien: Einfach gebaute Mikroorganismen, die nur aus einer einzigen Zelle bestehen.

Biologie: Die Wissenschaft von den Lebewesen.

Biologisch abbaubar: Stoffe, die auf natürlichem Wege in kleinere Einheiten zerlegt werden können. Am biologischen Abbau sind unterschiedliche Lebewesen beteiligt: Kleintiere, Pilze, Bakterien, Einzeller.

Bionik: Das Einbringen von Anregungen aus der Natur in die schöpferische Gestaltungsarbeit des Ingenieurs, der damit neue Wege gehen kann.

Biosphäre: Der Bereich der Erde und der Erdatmosphäre, der von Menschen, Tieren und Pflanzen bewohnt ist.

Chlorophyll: Der grüne Farbstoff vieler Pflanzen.

Chloroplasten: Winzige grüne Körperchen vieler Pflanzenzellen; die Chloroplasten enthalten den grünen Blattfarbstoff Chlorophyll.

Druck: Kraft, die auf eine Fläche wirkt.

Element: Stoff, der sich mit chemischen Mitteln nicht weiter zerlegen lässt.

Energie: Fähigkeit, Arbeit zu leisten. Die Einheit der Energie in der Arbeit ist das Joule (J).

Energiespeicherung: Aufheben momentan nicht nutzbarer Energie für spätere Zwecke, zum Beispiel durch Aufladen eines Akkus oder Erwärmen eines isolierten Wasserbehälters.

Evolution, biologische: Organismen passen sich Veränderungen ihrer Umwelt an.

Evolutionsstrategie: Übertragung kennzeichnender Verfahren der natürlichen Evolution auf technische Entwicklungen.

Fossile Brennstoffe: Ablagerungen, die über Jahrmillionen aus den Resten abgestorbener Pflanzen und Kleinstlebewesen entstanden sind und heute zur Energiegewinnung verwendet werden, zum Beispiel Erdöl und Erdgas.

Fotosynthese: Chemischer Vorgang, bei dem Pflanzen aus Wasser und Kohlendioxid mithilfe der Energie aus dem Sonnenlicht Nährstoffe (Traubenzucker) aufbauen. Das Wort bedeutet „durch Licht zusammenfügen". Bei der Fotosynthese wird Wasserstoff transportiert. Die „künstliche Fotosynthese" versucht diesen Wasserstoff abzufangen und für die Technik, beispielsweise zum Antrieb von Kraftfahrzeugen, zu nutzen.

Hebel: Eine der einfachsten „Maschinen" mit einem Drehpunkt, zwei Armen und zwei Belastungen. Findet vielseitige Verwendung in nahezu allen Bereichen der Technik.

Hydraulik: Maschinenteile, mit denen Kräfte durch Flüssigkeitsdruck übertragen werden.

Ion: Atom, das durch Abgabe bzw. Aufnahme eines Elektrons eine elektrische Ladung trägt.

Klettverschluss: Verschluss mit „statistischer Verhakung". Nicht jeder Haken hält, aber es halten ausreichend viele.

Komplexität: Begriff für die Querbeziehungen von Einzelelementen, die ein System kennzeichnen. Das System ist besonders komplex, wenn viele Einzelelemente vielseitig miteinander verbunden oder vermascht sind.

Kraft: Kraft bewirkt, dass Körper ihre Bewegung oder Form verändern.

Leichtbau: Eine Baustruktur, die eine Belastung mit möglichst geringer Eigenmasse abfängt.

Leistung: Die Arbeit, die eine Maschine in einer bestimmten Zeit verrichtet. Sie wird in Watt (W) gemessen.

Lichtleiter: Lang gezogenes System, das einmal eingespeistes Licht erst am Ende wieder austreten lässt.

Lotus-Effekt: Am Blatt der Lotusblume entdeckter Effekt der Selbstreinigung von Verschmutzung: Regenwasser spült Schmutz weg. Wird bei Fassadenfarben, Autolacken, Kunstfasern und Keramiken bereits erfolgreich eingesetzt.

Mikroorganismus: Winziges Lebewesen, das man nur im Mikroskop erkennen kann; oft auch Bezeichnung für Bakterien.

WORTERKLÄRUNGEN

Miniaturisierung: Versuch, technische Elemente und Einrichtungen immer kleiner zu bauen. Der kleinste denkbare „Schalter" wäre beispielsweise ein Molekül, das zwischen zwei stabilen Zuständen hin und her schnappt.

Multifunktionswerkstoffe: Werkstoffe, die nicht nur eine Funktion haben. Solche Werkstoffe sind beispielsweise hart, Wasser abweisend und außerdem noch gasdurchlässig.

Mutation: Kleine Änderung im Erbgut, die an das neue Lebewesen weitergegeben wird und langfristig auch zu einer neuen Art führen kann.

Nahrungskette: Reihe von Lebewesen, in der jedes dem nächsten als Nahrung dient.

Nahrungsnetz: Geflecht der verschiedenen Nahrungsketten in einem Ökosystem.

Ökologie: Lehre von den Querbeziehungen zwischen Lebewesen und anderen Lebewesen oder der unbelebten Natur.

Ökosystem: Bezeichnung für Lebensräume mit allen dort vorkommenden Lebewesen, zum Beispiel See, Wald, Gebirge, Moor, Korallenriff.

Reflex: Die automatische Reaktion des Körpers auf einen äußeren Reiz.

Recyceln: Zerlegen eines ausgedienten Systems und Wiederverwendung seiner Einzelteile an anderen Stellen.

Sandwichkonstruktion: Leichtbauweise in Biologie und Technik, die eine druckfeste Zwischenschicht zwischen zwei zugfeste Membranen einbaut.

Selbstreparabilität: Fähigkeit eines Materials, nach einer Schädigung den Ausgangszustand wieder herzustellen. Der Knochen ist beispielsweise ein solches Material.

Selektion: Natürliche Auslese der Tier- und Pflanzenarten; nur die am besten an jeweilige Umweltbedingungen angepassten Arten überleben und vermehren sich.

Sensor: Allgemeine Bezeichnung für ein Fühlerglied; im technischen Bereich oft als Fühler, im biologischen als Sinnesorgan – zum Beispiel Ohr, Auge – bezeichnet.

Solar erzeugter Wasserstoff: Wasserstoff, zu dessen Erzeugung Sonnenenergie benutzt worden ist. Dies kann über elektrolytische Wasserspaltung durch Solarzellen oder über „künstliche Fotosynthese" geschehen.

Solarzelle: Solarzellen wandeln Sonnenenergie in elektrischen Strom um.

Technische Biologie: Einbringen von Kenntnissen aus der Technik und Physik, um biologische Konstruktionen und Verfahren besser verstehen zu können.

Umwelt: Die äußere Umgebung von Tieren, Menschen oder Pflanzen.

Vorfertigung: Ein Teil wird nach Fertigung für eine spätere Verwendung zwischengelagert.

Werkzeug: Ein Gegenstand, den der Mensch geschaffen hat, um einen anderen zu bearbeiten. Auch in der Biologie spricht man von „Werkzeugen", zum Beispiel beim Legebohrer der Holzwespe.

Widerstand, strömungsmechanischer: Eine bremsende Kraft, die in die Richtung wirkt, aus der die Ausströmung kommt.

Zelle: Kleinster lebensfähiger Baustein von Lebewesen.

Zwangsventilation: „Kostenloses" Durchströmen eines Baues oder Hauses durch Nutzung der Sonnen- oder Windenergie.

REGISTER

A

Adler 62
Ahorn 46
aktiver Flug 40
Alpenschneehuhn 35
Alu-Verstrebungen 18
Ameisenlöwe 8
Amerikanischer
 Waldsänger 42
Antrieb durch
 Schwingung 37
Apfelwachs 74
Archaeopteryx 92
Arm, des Menschen 56
 – Roboter 56, 59
Aronstab 71
Auto 93
Autolacke 73

B

Bagger 10
Bänderspinne 22
Bärenkrebs 85
Baumaschine 54
Baum,
 Materialtransport 77
Bautechniken 15–23
Berber 17
Bergwerk 21
Bienenstachel 85
Bienenwolf 45
Bionik 6
Bioreaktoren 77
Bizepsmuskel 56
Blattbewegungen 24
Blütenblätter 24, 70
Blütenmale 71
Bohrer 11
Bohrmaschine 11
Boote 37
Brennstoffzelle 79
Brillenetui 14

C

Chitin 82, 105
Chlorophyll 98

D

Dächer, Wasser
 abweisende 22–23
 – bewegliche 24
Datura 69
Daumenfittich 48
Delfine 37, 38
Dinosaurier 92

Dogon 17
Dolchwespe 73
Doppelflossen 37
Drehflügler 46
Düfte 71
Dungkäfer 73
Duschmatten 13

E

Eiffel, Gustave 18
Eiffelturm 18
Eiglocke 22
Eisbär, Fell 27
Eisseestern 66
Elektrizität 78
Ellenbogengelenk 56
Energie 76–79
Entenvögel 29
Entsorgen 95
Entwicklungen 92–93
Entwicklungsgrenzen
 63
Essigfliege 90
Etrich, Igo 40
Etrich-Rumpler-Taube
 40
Eulen 87
Evolution 89
Evolutionsstrategie 91

F

Facettenauge 58, 61
Fachwerkbauten 18–19
Fachwerkhäuser 19
Fallschirme 46
Federkranz 35
Fell 27–29, 35
Felsenschwalbe 16
Feuchtigkeitsbewegung
 24
Fischadler 10
Fliegen 58, 73, 88
Floh 88
Flossen 37
Flügelklappen 41
Flugzeuge 38, 41, 43,
 44–45
Fotosynthese 76–77, 80
Frostschutz 32
Früchte 71
Füchse, Fell 22, 28

G

Gänseblümchen 68
Gartenrotschwanz 42

Gefieder 29
Gefrierschutzmittel 32
Geier 62
Gelbrandkäfer 73
Gelenk 14, 56
Geschosse 65
Giftzähne 51
Glasfaserleiter 61
Gleitflug 40
Gleitzahlen 41
Gliederketten,
 bewegliche 50
Greifvögel 10
Großhubschrauber 45
Gummi 88

H

Haarpflegemittel 74
Hai 41
Haken 12
Handgelenk 56
Handpflegemittel 74
Handschwingen 47
Handtuchhalter 13
Hawker Sea Fury 45
Hebelmechanik 52–53
Hebelprinzip 52
Heizungen und
 Klimaanlagen 25–32
Hermelin 28–29
hitzeresistente
 Lebewesen 32
Hochblätter 70
Höckerschwan 44
Holz 80–81
Holzschindeln 23
Honigbiene 64
Honiglöffel 73
Hören 63
Hubschrauber 45
Hummel 53
Hydraulik 54–55
Hygroskopisches Prinzip
 24

I–J

Injektionsspritze
 51, 64–65
Insekten, Lauftechnik
 34
Iran 31
Isolationsmaterial,
 transparentes 27
Isolatoren 27, 28, 81
Jumbo Boeing 747 43

K

Kaffeemischung 91
Kalk 84
Kalksalze 82–83
Kallus 82
Kamele 35
Kanonenkugel 65
Karpfenmaul 50
Käuze 87
Kiefernprachtkäfer 62
Kirchenkuppeln 23
Klapperschlange 51
Kleidung 28–29
Klettfrucht 12
Klettverschluss 12
Klimatisierung 26–27,
 30–31
Knochen 82
Knochenbälkchen 18
Knochenbau 18
Knochenbildung 82
Knospen 94
Kolibri 44
Kombizange 8
Korallenstücke 83
Körperwärme 27, 28
Krebsauge 60
Kühlerwasser 32
Kühlung 29
Kunststoff 88

L

Lama 29
Lamellenpilze 23
Langstreckenflieger 42
Lastentransport 45
Laterne des Aristoteles
 84
Laubfrösche 13
Laufen
 – Insekten 34
 – leicht gemacht 35
Laufmaschinen 34
Laufroboter
 – sechsbeinige 34
Legebohrer 11
Lehmarchitektur 17
Lehmbauten 16–17
Leichtmaterialien 86–87
Libelle 45, 61, 85
Lichtleiter 27, 61
Lignin 80
Linsenaugen 58
Lotusblume 72
Lotuseffekt 72–74

98

REGISTER

Löwenzahn 46
Luftdruck 54
Luftpolster 27, 28
Lüftung 30

M

Maikäfer 34
Materialkreislauf 95
Maulwurf 20
Mauser 29
Mehrfachstrategien 71
Mehrfachkomponenten-
   material 80
Messerschnitt Me 109 R
   44
Miniaturkanonen 65
Möwe 92
Muskeln 59
Mutation 90–91

N

Nachtpfauenauge 63
Nacktmulle 20
Naturmaterial 75–88
Nesselkapsel 65
Nurflügelflugzeug 40

O

Oberflächenreinigung
   72–73
Operationsschere 9
Optiken 60–61
Orchidee 71

P

Paddeltechniken 36
Panzer 66, 85
Papier 81
Pazifische Riesen-
   Herzmuschel 14
Pierwurm 30
Pillenwespe 16–17
Pilze 23
Pinguine 38
Pinzette 9
Pistolenkrebs 55
Pneumatik 54
Polypengreifer 10
Portugiesische Galeere
   48
Präriehund 30
Programm 59
Puebloindianer 17

Q–R

Quallen 48
Raubmöwe 41
Raumausnutzung 68
Reetdach 22
Regenmantel 22
Regenwald 95
Regenwurm 55
Reptilien 92
Resilin 88
Recyceln 95
Risenholzwespe 11
Riesenschildkröte 66
Riesenseerose 19
Riffe, künstliche 83
Rinderbremse 45
Ritterrüstung 66
Roboter 34, 58–59
Rohrkrabbler 34
Rollbahn 44
Röntgenstrahlen 60
Rotation 51
Rotfärbung 70
Rubinkehlkolibri 43
Rumpler, Edmund 40

S

Sandwespen 45
Saugnäpfe 13
Schalenpanzer 66–67
Schallgeschwindigkeit
   63
Scharniere 14
Schaumstoff 87
Schaumzikade 86
Schere 9
Schildkröten 66
Schnabel, der
   Uferschnepfe 9
Schnappverschluss 14
Schneehasen 28, 35
Schneeschuhe 35
Schneeschuhhase 35
Schreibmaschine 50
Schulp 86
Schultergelenk 56
Schwalbennest 16
Schwanenhälse 61
Schwanzflosse 37
Schwebfliege 45
Schwertlilie 68
Schwimmbein 36
Schwimmblatt 19
Schwimmkäfer 36
Schwungfeder 29

Seeadler 10
Seeigel 84
Seestern 66
Segel 48
Segelflug 40
Segeljachten 48
Sehen 62
Seidenspinner 63
Selbstheilung 82–83
Selbstreinigung 72–73
Selektion 90
Senkrechtstarter 44
Sinnesorgane 62–63
Solaranlage 78–79
Sonne, Wärmestrahlung
   26–27
Sonnenenergie 76–79,
   80, 86
Sonnenkraftwerke
   77–79
Sonnenlicht 76–79
Speicherheizung 16
Spiegeloptik 60
Spiralanordnung 68
Sporen 23
Springspinne 55
Spritzgurke 69
Sprungkraft 88
Stachelschwein 86
Städte, unterirdische 21
Stahlbetonbrücken 83
Staudruckprinzip 31
Steckkarten 94
Steinadler 10
Stoßfänger 87
Strömungsverengung
   30
Styropor 87
Süßwasserpolypen 65

T

Termitenbau 26
Tetraedertüten 69
Thermobakterium 32
Thunfisch 37
Tiefbauten 20–21
Tintenfisch 13, 86
Tollkirsche 71
Tonnengewölbe 31
Töpfergrabwespe 16
Töpfervögel 16
Traubenzucker 76, 80
Trematonius nicolai 32
Triebwerke,
   schwenkbare 44

Trizeps 56
Turnschuh 12

U

Uferschnepfe 9
Umströmung 47
Umverpackung 69
Unterdruckpumpe 30
Untergrundbahn 21
Unterseeboote 37, 41

V

Ventilatoren 30–31
Verhakung, zufällige 12
Verpackungen 68–71
Vikunja 29
Visierklappe 50
Vögel 92
Vogelflügel 47
Vorfertigung 94
Vorsegel 48

W

Waage 52
Waben 81
Waldrebe 46
Wale 37
Wärmemessung 62
Wasserpistolen 55
Wasserstoff 76–79
Wasserstoffantrieb 79
Weberkarde 69
Weißstorch 47, 92
Werbung 70–71
Werkzeuge 7–13
Wespenstachel 64
Widerstandsbeiwert 38
Wind 31
   – Antrieb 46
Windkonzentrator 47
Windkraft 31
Windkühlung 31
Windmühlen 47
Windturbine 47
Windtürme 31
Wippe 52

Z

Zangen 8
Zanonia-Baumliane 40
Zellulose 80
Zistrosen 70
Zugvögel 42

BILDNACHWEIS

Umschlagvorderseite: u, ur: Getty Images; ol: Bosch AG; or: W. Nachtigall; Umschlagrückseite von oben nach unten: W. Nachtigall; Lufthansa Bildarchiv; W. Nachtigall; W. Nachtigall; F. Sauer/F. Hecker; Janne Laukkonen; S. 6 u: Deutsches Bergbaumuseum Bochum; S. 7 u: Victorinox; S. 8: W. Nachtigall; S. 9: Zwilling J. A. Henckels AG/Tom Schmid; S. 10: Mannesmann AG; S. 11 or: Bosch AG, Mr, Ml: W. Nachtigall; S. 12 l, Mr: W. Nachtigall, u: Romika; S. 13: W. Nachtigall; S. 14 ul, ur, M: W. Nachtigall; S. 16 u: Olberg; S. 17 o: Huber, u: Lauber; S. 18 o, u: W. Nachtigall; S. 19 l: R. Hackenberg; S. 20 M: Angermayer; S. 21 o: Deutsches Bergbaumuseum Bochum, ul: Hackenberg, ur: M. Valsesia; S. 24 o, Ml: W. Nachtigall; S. 22 l: W. Nachtigall, r: HB Verlag; S. 23: W. Nachtigall; S. 25: Doppelmayr Seilbahnen AG; S. 26 l: W. Nachtigall, M: H. Sielmann, r: Arup Journal; S. 30: W. Nachtigall; S. 32 l: Eastman/de Vries, r: Stetter/König; S. 33 o: Siemens, u: Coineau/Kresling; S. 34 or: W. Nachtigall, ul, ur: Siemens; S. 36: W. Nachtigall; S. 37 ul: W. Nachtigall, ur: Coineau/Kresling; S. 38 l: W. Nachtigall, ru: Beunausch; S. 39 ul: Taylor, o: Scheithauer; S. 40: W. Nachtigall; S. 41 ul: W. Nachtigall, ur: Recheberg; S. 43 l: Scheithauer, u: Syrian Air; S. 44 or, l: W. Nachtigall, Mr: Pawlas, ur: Taylor; S. 45 or: Janne Laukkonen, ol: F. Sauer/F. Hecker, ur: Pawlas, ul: W. Nachtigall; S. 46 or, l: W. Nachtigall, ur: colobri Fallschirmsport; S. 47: W. Nachtigall; S. 48: Bootsbau Rügen GmbH; S. 49: W. Nachtigall; S. 51: W. Nachtigall; S. 53: W. Nachtigall; S. 54 ol: W. Nachtigall, or: REVO Luftwerbesysteme GmbH; S. 55 : W. Nachtigall; S. 56: W. Nachtigall; S. 57: W. Nachtigall; S. 58 o, ul: W. Nachtigall, ur: Siemens; S. 59 ol: W. Nachtigall, u: BMW AG; S. 60: W. Nachtigall; S. 61: W. Nachtigall; S. 62: W. Nachtigall; S. 63 r: F. Sauer/F. Hecker; S. 64: W. Nachtigall; S. 65 l: F. Sauer/F. Hecker; S. 66: W. Nachtigall; S. 67: W. Nachtigall; S. 68: W. Nachtigall; S. 69: W. Nachtigall; S. 70: W. Nachtigall; S. 71: W. Nachtigall; S. 72 l: Barthlott/Neinhuis, r: W. Nachtigall; S. 73: W. Nachtigall; S. 74 o: Thomas Kripp, u: Wella AG; S. 75 o: W. Nachtigall; S. 77 l, or: W. Nachtigall, ur: Rechenberg; S. 78: Astrium GmbH, Raumfahrt-Infrastruktur; S. 79: W. Nachtigall; S. 80: W. Nachtigall; S. 81: W. Nachtigall; S. 83: W. Nachtigall; S. 84: W. Nachtigall; S. 85: W. Nachtigall; S. 86 ul: W. Nachtigall, ur: Nachtigall/Wisser; S. 87 lo, lu, or: W. Nachtigall; ur: Volkswagen AG; S. 88 o: W. Nachtigall; S. 89: W. Nachtigall; S. 91: W. Nachtigall; S. 92: W. Nachtigall; S. 93: W. Nachtigall.

Für meinen Enkel Niccoló,
der die Natur liebt
und von der Technik begeistert ist

Bibliografische Information Der Deutschen Bibliothek

Die Deutsche Bibliothek verzeichnet diese Publikation in der Deutschen Nationalbibliografie; detaillierte bibliografische Daten sind im Internet über **http://dnb.ddb.de** abrufbar.

3 2 1   09 08 07

© 2001, 2007 Ravensburger Buchverlag Otto Maier GmbH
Postfach 1860, 88188 Ravensburg
Alle Rechte, auch des auszugsweisen Nachdrucks, der fotomechanischen Wiedergabe und der Übersetzung, vorbehalten.
Redaktion: Sabine Zürn
Printed in Germany
ISBN 978-3-473-55149-1

www.ravensburger.de